再生骨料多孔混凝土在海绵城市透水铺装及生态护坡中的应用基础研究

李蒲健　陈徐东　苏锋　张炯　石丹丹　著

中国水利水电出版社
www.waterpub.com.cn
·北京·

内 容 提 要

废弃建筑垃圾经破碎加工后生成的再生骨料仍具有一定的强度和良好的透水性能。使用再生骨料替代透水混凝土中的天然骨料，不仅可以解决建筑垃圾大量堆积的环境难题，还能有效缓解砂石等自然资源短缺的生态压力。然而现阶段有关再生骨料透水混凝土实际应用的系统试验数据及理论分析尚显不足。本书针对再生骨料透水混凝土的配合比设计、力学特性、渗透特性以及植生性能等开展了深入研究，为再生骨料透水混凝土在透水铺装和生态护坡工程中的应用提供了数据支撑和方法借鉴。

本书可作为道路工程、港口与航道工程、混凝土材料或结构相关研究、设计、施工和高校师生参考使用。

图书在版编目（CIP）数据

再生骨料多孔混凝土在海绵城市透水铺装及生态护坡
中的应用基础研究 / 李蒲健等著. -- 北京 ：中国水利
水电出版社，2021.5
　　ISBN 978-7-5170-9579-8

Ⅰ．①再… Ⅱ．①李… Ⅲ．①再生混凝土－骨料－应
用－透水路面－路面铺装－研究②再生混凝土－骨料－应
用－护坡－研究 Ⅳ．①U416.25②U417.1

中国版本图书馆CIP数据核字(2021)第086740号

书　　名	再生骨料多孔混凝土在海绵城市透水铺装 及生态护坡中的应用基础研究 ZAISHENG GULIAO DUOKONG HUNNINGTU ZAI HAIMIAN CHENGSHI TOUSHUI PUZHUANG JI SHENGTAI HUPO ZHONG DE YINGYONG JICHU YANJIU
作　　者	李蒲健　陈徐东　苏　锋　张　炯　石丹丹　著
出版发行	中国水利水电出版社 （北京市海淀区玉渊潭南路1号D座　100038） 网址：www.waterpub.com.cn E-mail：sales@waterpub.com.cn 电话：(010) 68367658（营销中心）
经　　售	北京科水图书销售中心（零售） 电话：(010) 88383994、63202643、68545874 全国各地新华书店和相关出版物销售网点
排　　版	中国水利水电出版社微机排版中心
印　　刷	清淞永业（天津）印刷有限公司
规　　格	170mm×240mm　16开本　10印张　207千字
版　　次	2021年5月第1版　2021年5月第1次印刷
印　　数	0001—2000册
定　　价	**68.00元**

由于我国的水资源分布存在时间和空间分布不均的特性，随着新型城镇化建设的加速，水资源短缺、水环境污染问题越发突出。为了解决水资源、水生态等一系列环境问题，国家从2013年开始启动海绵城市建设。2020年，国民经济和社会发展第十四个五年规划与2035年远景目标纲要提出要"增强城市防洪排涝能力，建设海绵城市、韧性城市。"

海绵城市建设主要通过"自然积存、渗透、净化"等手段，从而实现雨水资源的循环利用。海绵城市的关键性举措是提高硬质地面的透水渗水能力，因此，多孔透水混凝土是海绵城市工程建设中的重要材料。透水混凝土是由水泥浆与骨料形成的骨架构成的多孔材料，通常通过减少或去除细骨料来获得大孔隙率和高渗透性。

随着我国经济建设的飞速发展，废弃混凝土的数量也将随着各项工程建设的推进而持续大幅度地增加，这导致我国每年有大量的建筑垃圾被掩埋，造成了严峻的环境问题和巨大的经济损失。现有研究表明，建筑垃圾经过破碎、分级重新加工后形成的再生骨料可用于替代混凝土中的天然骨料。将再生骨料掺入透水混凝土中，代替天然砂石资源应用于海绵城市工程建设，不仅能够解决建筑垃圾堆积的环境问题，还能够有效节约天然资源，对推动国家生态文明的建设起到了显著作用。

再生骨料生成过程中会经历破碎等损伤作用，导致其本身力学性能低于天然骨料，因此，对使用再生骨料制备的透水混凝土而言，如何在保证孔隙率的情况下提升其强度是一个亟待解决的问题。同时，作为一种透水材料，再生骨料透水混凝土的渗透耐久性也是备受关注的关键性能，因此对其透水性能和堵塞机理的研究十分必要。在实际应用中，透水混凝土主要使用于海绵城市建设中的透水铺装和生态护坡，服役期间，透水混凝土往往会受到车辆或者水流冲击的往复荷载作用。而在目前已有的研究中，针对再生骨料透水混凝土疲劳力学特性的研究还很少见。

基于以上背景，本书深入开展了再生骨料透水混凝土配合比设计、力学性能以及功能特性等方面的研究，主要内容分为 8 章。第 1 章为绪论，主要介绍了本书的研究背景和意义，总结了再生骨料透水混凝土在物理性能、力学性能以及生态应用等方面的研究现状以及本书的主要研究内容；第 2 章主要介绍了再生骨料透水混凝土的配制方法和浇筑工艺，提出了一种高孔隙率的全再生骨料透水混凝土配合比，并基于响应面分析方法对再生骨料透水混凝土配合比进行了优化设计；第 3 章针对再生骨料透水混凝土的力学性能指标，开展了不同再生骨料掺量下透水混凝土试件的抗压强度、抗拉强度和抗弯强度测试，并通过 PFC5.0 数值软件模拟各种工况下混凝土内部裂隙的发育情况；第 4 章基于透水混凝土透水铺装实际受荷工况条件，对再生骨料透水混凝土疲劳断裂特性展开研究，建立了透水混凝土的应力-应变模型，并在此基础上提出了再生骨料透水混凝土疲劳寿命预测模型；第 5 章分析了再生骨料透水混凝土的透水性能，结合 CT 扫描技术获得了混凝土的内部结构特征及准确孔隙率，并通过室内试验模拟实际服役条件下透水铺装结构的堵塞效应，探究了孔隙率及堵塞次数对透水混凝土渗透性能的影响规律；第 6 章针对再生骨料透水混凝土生态护坡的植生性能开展了试验研究，评价了不同气候环境下植物的生长状态，基于实际工程对植生型透水混凝土护坡的抗冲刷性能进行试验评价；第 7 章针对生态护坡动力荷载工况，结合 ANSYS 软件探讨了台阶式再生骨料透水混凝土生态护坡砌块在不同荷载下的动力响应；第 8 章根据实际应用的现场调研情况对河岸带生态护坡工程特点进行了分析总结，提出了利用再生骨料透水混凝土生态护坡以及护坡植物选择的优化方案。本书提供的研究成果有效填补了目前再生骨料透水混凝土研究领域的薄弱部分，相关试验数据和计算结果可作为海绵城市透水铺装及生态护坡工程实施的依据，对再生骨料透水混凝土在实际工程中的推广应用起到了重要作用。

本书由中国电建集团西北勘测设计研究院有限公司和河海大学合作完成。编写分工如下：第 1 章由李蒲健、陈徐东执笔，第 2 章陈徐东、石丹丹执笔，第 3 章苏锋、胡良鹏执笔，第 4 章由石丹丹、杨瀚清执笔，第 5 章由张炯、苏锋执笔，第 6 章由李蒲健、苏锋执笔，第 7 章由苏锋、陈徐东执笔，第 8 章由李蒲健、张炯执笔。同时，对参与本书出版工作的中国水利水电出版社表示感谢。

由于编者水平有限，书中难免错误和纰漏之处，敬请各位专家和广大读者批评指正。

作者

2021 年 4 月于西安

目录

第1章 绪　　论

1.1　研　究　背　景

生态文明建设是中国特色社会主义事业的重要内容，关系人民福祉，关乎民族未来，得到党中央、国务院的高度重视。同时，为解决硬路面带来的城市内涝、热岛效应、地下水失衡等问题，国务院提倡建设"海绵城市"。2013年，习近平总书记在中央城镇化工作会议中的讲话第一次提出建设海绵城市。随后，2015年，国务院办公厅在《关于推进海绵城市建设的指导意见》中进一步明确提出了海绵城市的建设要求，要求2030年前实现全国80％以上的建成区达到自然存储70％的降雨指标，并选定了30个海绵城市建设试点城市，如图1.1所示。2020年的"十四五"规划中，国家再一次强调了建设海绵城市的重要性。作为"绿色中国"的重要载体，"海绵城市"建成目标将贯穿"十四五"规划的整个实施期间。

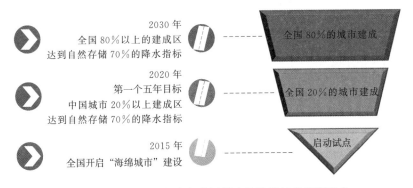

2030年
全国80％以上的建成区
达到自然存储70％的降水指标
→ 全国80％的城市建成

2020年
第一个五年目标
中国城市20％以上建成区
达到自然存储70％的降水指标
→ 全国20％的城市建成

2015年
全国开启"海绵城市"建设
→ 启动试点

图1.1　2015年国务院办公厅提出的海绵城市建设要求

透水混凝土是海绵城市建设中最重要的材料，是由水泥浆与骨料形成的多孔材料，组成成分不含或含少量细骨料。浇筑过程中，通过搅拌使得其中的粗骨料表面包裹一层水泥浆，薄层水泥浆相互黏结形成蜂窝状的孔隙（张浩博，2017）。透水混凝土特殊的结构使其具有很多性能上的优势，比如良好的透气性、透水性，还具有很好的降温、降噪等生态环境效益。使用生态透水混凝土作为护坡或其他工程时，能取得排水、吸音、降噪、渗水的效果，改善地表生态循环，保持生物多样性，消除由于传统护坡所带来的对生态环境的负面影响（张贤超 等，2010）。

　　混凝土是世界上使用最广泛的建筑材料（Shaikh，2016），它的基本组成成分包括胶凝材料（水泥、水玻璃、沥青等）、水和骨料（砂、石），必要时可以加入化学外加剂或矿物掺合料改善性能。由于混凝土强度高、耐久性好、实用经济等特点，随着城市化建设的推进和基础设施的升级改造，混凝土在全世界的年产量已超过 120 亿 t（Li，2011），且需求量仍有不断增加的趋势。如果仅靠开山采石，不仅会对自然资源造成巨大的压力，还会对生态环境造成巨大的破坏，甚至引发生态危机。与此同时，混凝土建筑物废弃或破坏后会产生大量的建筑垃圾。例如，2008 年的汶川地震，由于地震带来的巨大灾害，造成桥梁、房屋等建筑物的倒塌损毁，废弃的混凝土达到了约 8000 万 t（权宗刚，2008）。相关资料表明，我国 2020 年废弃混凝土的总量在 6 亿 t 以上，即使不考虑地震等自然灾害带来的废弃混凝土量，我国每年的废弃混凝土产生量也已超过 1 亿 t（肖建庄，2008）。

　　我国常用的建筑垃圾处理方式比较简单，即直接将废弃混凝土进行填埋，这导致当前我国废弃混凝土的可利用率还不足 50%（范杰 等，2015），远低于美、日、英等国家。废弃建筑垃圾的随意填埋不仅造成了环境的污染，还造成了国土资源的大量浪费。因此，建筑垃圾的回收再利用具有极其重要的价值和意义。现有研究发现，再生骨料作为一种固体废弃物可以通过人工或机械破碎后二次利用，替代天然骨料制备再生骨料透水混凝土，以达到资源循环利用的目的。再生骨料透水混凝土作为一种绿色环保材料，具有透水性强、水泥用量少、施工简便等普通混凝土不具备的优点，在路面铺装结构及生态护坡等工程中可大量推广应用（王军强，2015）。

1.2　研　究　现　状

1.2.1　透水混凝土的力学特性

　　因透水混凝土独特的性能优势，国内外学者已经对其进行了较为深入的研究，主要集中于透水混凝土的配合比设计和工作性能及其影响因素的研究（盛燕萍 等，2007；董雨明 等，2004；Tennis，2004）。对透水混凝土基本力学性能的研究虽也有所涉及，但尚未形成成熟的理论体系，因此关于透水混凝土的理论研究与应用工作还有待完善。

1.2.1.1　基本物理性能

1. 孔隙率

透水混凝土作为一种多孔材料，孔隙率是重要的物理性质。透水混凝土的主要设计既要保证材料结构能输送水流通过，同时也要保证足够的力学强度。

Meininger（盛燕萍 等，2007）通过试验指出，孔隙率至少为 15％才能确保水流穿过混凝土。因此，透水混凝土的孔隙率一般控制为 15％～30％（盛燕萍 等，2007；董雨明 等，2004；Tennis，2004；Marolf et al.，2004；Neithalath et al.，2005；Haselbach et al.，2006；Low et al.，2008；Tho-in et al.，2012）。

透水混凝土的孔隙率主要取决于骨料尺寸、骨料级配、水胶比和压实度等因素。Marolf 等（2004）学者探究了骨料尺寸和级配对透水混凝土孔隙率的影响。通过试验观察到透水混凝土与单粒级配骨料的孔隙率没有显著差异。由于较小骨料的松动效应，连续级配通常比单粒级配产生更高的孔隙率。为了防止小直径骨料填充空隙，骨料尺寸比（最大骨料直径与最小骨料直径比）不应超过 2.5。除此以外，透水混凝土中的浆状物含量必须严格控制，防止浆料从结构内部的孔隙中流出。

2. 孔结构特征

多孔材料的性能影响因素除孔隙率外，还有其他孔结构特征，如孔的尺寸、分布和孔连通性等。这些孔结构特征是骨料的尺寸和级配、水胶比和压实度等的函数。学者们通过试验研究模拟了孔结构对透水混凝土吸声能力的影响，并且使用电导率方法得到透水混凝土的孔结构特征，从而预测其渗透性（Marolf et al.，2004；Neithalath et al.，2005）。Low 等（2008）通过统计学方法来表征透水混凝土的孔结构特征。

3. 渗透性

渗透性是透水混凝土最重要的性能特征，是定性地确定内部孔隙如何连通的间接方式。对于多孔材料，其渗透性一般取决于孔结构特征。透水混凝土的渗透性通常与其孔隙率相关联，这主要是因为在类似大孔材料中，孔隙率很容易测量。

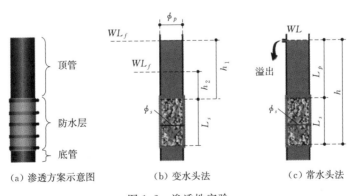

（a）渗透方案示意图　　（b）变水头法　　（c）常水头法

图 1.2　渗透性实验

用于测试渗透率的原理是测量在一定时间间隔内通过样品截面的水量，如图 1.2（a）所示。试验装置由 3 部分组成：顶管、防水层和底管。顶管置于样品上方，用于控制初始水位和最终水位。防水层放置在试样周围，以便在试验过程中减少沿试样一侧的水流。底管位于样品下方，带有出口以控制水流。

测量透水混凝土渗透性的方法分为两种：变水头法和常水头法，如图 1.2 (b) 和 (c) 所示。

变水头法渗透系数的计算方程如下式：

$$K = \frac{\phi_p^2 L_s}{\phi_s^2 \Delta t} \cdot \ln \frac{h_1}{h_2} \tag{1.1}$$

式中　ϕ_p——管的内径；

h_1——从试样顶部到初始水头的距离（WL_i）；

h_2——从试样顶部到结束水头的距离（WL_f）。

常水头法渗透系数的计算方程如下式：

$$K = \frac{4qL_s}{\pi \phi_s^2 h t} \tag{1.2}$$

式中　q——两次测量水量的差值；

h——水头高度，即试件顶部到水头的距离（WL）；

t——时间间隔。

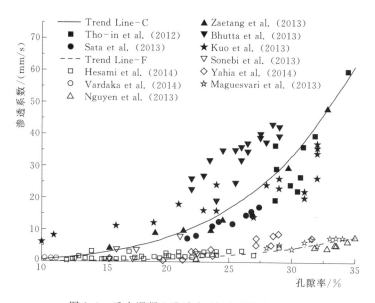

图 1.3　透水混凝土孔隙率-渗透系数关系曲线

目前为止，大量的试验研究了透水混凝土在常水头和变水头下的孔隙率-渗透系数关系（Sata et al.，2013；Zaetang et al.，2013；Bhutta et al.，2013；Kuo et al.，2013；Hesami et al.，2014；Vardaka et al.，2014；Nguyen et al.，2013；Sonebi et al.，2013；Yahia et al.，2014；Maguesvari et al.，2013；Olek et al.，2003；Neithalath et al.，2004)，通过对研究数据进行整理分析，绘制了如图 1.3 所示的关系曲线。其中三角形数据点表示变水头试验所得，方形数据点代表常水头试验所测得。从图 1.3 中可以看出随着孔隙率的增大，透水混凝土渗透系数增大。同时，仅仅只有孔隙率作为渗透系数的函数是不够的。多孔材料除了孔隙率之外，水流输送特性还受其他孔结构特征的影响，例如孔径、孔连通性(或曲折度)和孔的比表面积。多孔介质的渗透性预测模型如 Kozeny - Carman 方程和 Katz - Thompson 方程 (Neithalath et al.，2005)，就是通过孔结构特征来测算材料的渗透性能的。

4. 耐久性

透水混凝土的耐久性主要受其孔结构的影响，因为水分、化学品和研磨材料的内部移动都在孔内进行。对透水混凝土耐久性开展的研究主要分为以下三个方面：抗冻融性、耐硫酸盐性和耐磨性 (Haselbach et al.，2006)。

由于透水混凝土具有较多大而开放的孔洞，在冷冻条件下，内部孔隙会迅速饱和，在几个循环周期内即可造成试件完全冻结，导致试件严重破坏。Neithalath (2007) 曾提出冻结速率也显著影响透水混凝土的耐久性，并通过试验验证在经历一次缓慢冷冻和解冻情况下，透水混凝土能保持其相对动态模量的 95% 以上，即使在 80 个冻融循环之后还仍然保持 40% 的动弹性模量；然而普通混凝土的动弹性模量在经受 45 次快速冷融循环后就会破坏。透水混凝土在耐硫酸盐侵蚀性能上与传统混凝土非常相似。然而，透水混凝土存在更高被侵蚀的风险，因其开放的孔隙结构特征，侵略性的化学品如酸和硫酸盐很容易进入材料内部侵蚀较大的区域。目前很少有研究对透水混凝土的耐磨性进行评价 (Marolf et al.，2004；Wang et al.，2006)。透水混凝土比普通混凝土更容易发生骨料的磨损，是由于透水混凝土具有粗糙的表面纹理和开放的结构，所以可以通过使用选定的聚集体、细矿物掺合料以及适当的压实、固化技术来提高透水混凝土的耐磨性。

5. 吸声性能

透水混凝土有较大的孔隙率和良好的吸声能力。当声波传出时，透水混凝土的开放结构会导致直接声波和反射声波的到达时间存在差异，如图 1.4 (a) 和 (b) 所示。这种差异使得噪声强度降低，从而使材料可以吸声。研究发现要达到较好的吸声性能，透水混凝土需要 15%～25% 的孔隙率。Neithalath (2004) 使用阻抗管对透水混凝土的吸声性能进行了详细研究。研究得到骨料的大小和级配，以及纤维含量对透水混凝土的吸声性能具有一定影响。

材料的吸声能力通常用吸声系数表示。纯吸收材料的吸收系数为 1，而纯反射材料为零。普通混凝土的吸声系数变化为 0.03～0.05，而透水混凝土的吸声系数的变化可以从 0.1 到接近 1 (Neithalath et al.，2005；Neithalath et al.，2007)。学者们将吸声系数为 1 的透水混凝土孔径定义为最佳孔径。此外，研究还发现多级配骨料的透水混凝土通常具有更好的吸声能力 (Neithalath et al.，2005)。

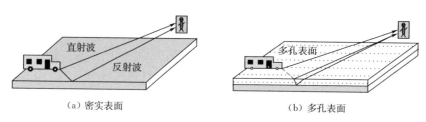

（a）密实表面　　　　　　　　　　（b）多孔表面

图 1.4　透水混凝土吸声性能实验原理

1.2.1.2　力学性能研究

由于透水混凝土在制备过程中需要使用胶结材料，胶结材料浆体的体积小于骨料堆积状态的总空隙体积，同时有部分不被填充的空隙作为透水通道，该结构特点会导致透水混凝土的力学性能相对于普通混凝土大大降低。因此在透水混凝土制备过程中，施工要求较高，不仅需要保证其良好的透水性能，还要确保其具有足够的力学性能。

1. 抗压强度

由于透水混凝土的孔隙率较大，其抗压强度与普通混凝土相比偏低。部分学者对透水混凝土抗压强度的影响因素进行了试验研究（盛燕萍 等，2007；Sata et al.，2013；Zaetang et al.，2013；Bhutta et al.，2013；Kuo et al.，2013；Hesami et al.，2014；Vardaka et al.，2014；Nguyen et al.，2013；Sonebi et al.，2013；Yahia et al.，2014；Maguesvari et al.，2013；Montes et al.，2006；Haselbach et al.，2006；Chopra et al.，2006；Yang et al.，2003；Crouch et al.，2006；Joung et al.，2008；Ghafoori et al.，1995）。试验得出透水混凝土抗压强度受混合比例和压实作用的影响很大（董雨明 等，2004；Zaetang et al.，2013）。在试验研究中发现，小尺寸的骨料可以增加试件的抗压强度。对于透水混凝土来说，目前还没有标准的抗压强度测定方法，并且足够的强度也不能确保透水性达到要求。Tennis 等（2004）指出透水混凝土可以实现 3.5～28MPa 范围内的压缩强度，普通透水混凝土的抗压强度大约为 17MPa。通过对先前的试验研究进行整理归纳，绘制了透水混凝土抗压强度与孔隙率的关系如图 1.5 所示。

2. 抗弯强度

透水混凝土的抗弯强度是通过测量抗压强度并使用经验关系式估算得到（盛燕萍 等，2007；Marolf et al.，2004）。孔隙率、骨料含量和压实力等因素都会影响透水混凝土的抗弯强度。透水混凝土的抗弯强度随着孔隙率的增加而减小，两者关系大致呈线性关系（Tennis et al.，2004；Wang et al.，2006）。抗弯强度也会随着骨料尺寸的增加而减小。试验研究发现，少量砂的添加可以有效提高透水混凝土的抗弯强度，透水混凝土的抗弯强度可以达到 1～3.8MPa（Marolf et al.，2004）。

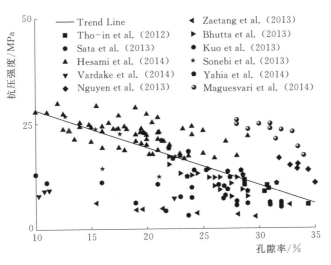

图 1.5 透水混凝土抗压强度与孔隙率的关系曲线

3. 弹性模量

目前，学者对透水混凝土的弹性模量有较为深入的研究（Marolf et al.，2004；Joung et al.，2008；Agar et al.，2012）。与普通混凝土相比，透水混凝土的弹性模量与抗压强度的关系与普通混凝土类似，但其弹性模量较低（Agar et al.，2012）。

由于粗骨料在透水混凝土的组成成分中占有较大的体积比例，且由于其本身刚度较大，骨料对透水混凝土的弹性模量会产生较大影响。试验结果表明，透水混凝土的静态弹性模量为 $10\sim28\text{GPa}$（Ghafoori et al.，1995）。

4. 动态力学特性

国内外学者对透水混凝土的制备、功能性及影响因素等方面进行了较为深入的研究，在对透水混凝土力学性能的试验研究上还有欠缺，尚未构建完整体系，尤其是透水混凝土在冲击荷载下的动态力学响应研究。学者 Agar（2012）提出了一种改进的落锤装置，通过测定冲击锤与混凝土接触界面处的粒子速度来计算试件的动态强度，从而获得透水混凝土的动态力学特性。

5. 疲劳力学特性

Zhou 等（2016）使用三点弯曲试样研究了透水混凝土的疲劳性能，选择三种骨料尺寸（27.5mm、32.5mm 和 37.5mm）用于单级配骨料透水混凝土制备。在不同应力水平和应力比下进行试验，采用等效疲劳寿命来研究透水混凝土的疲劳方程。研究表明，透水混凝土的等效疲劳寿命的分布大致符合双参数 Weibull 统计分布。通过回归分析得到对应于不同残存概率的疲劳寿命曲线方程。根据拟合结果，评估比较不同孔隙率时透水混凝土的 lgS - lgN 关系曲线，如图 1.6 所示。Chen 等（2013）通过试验对比研究了两种不同改性透水混凝土的强度、断裂韧性和疲劳寿命。试验比较分析了失效概率为 0.5 时，普通混凝土、贫混凝土、透水混凝土以及两种不同改性混凝土的疲劳寿命曲线，相应的 $\ln S$ - $\ln N$ 关系曲线如图 1.7 所示。试验结果表明，孔隙率对两种改性透水混凝土的抗压强度具有明显的影响，但对强度发展速率影响几乎为零，并且孔隙率对透水混凝土的抗弯强度的影响比抗压强度要高。PPC（聚合物改性透水混凝土）在任何应力水平下都表现出比 SPC（补充水泥材料改性透水混凝土）更高的断裂韧性和更长的疲劳寿命。

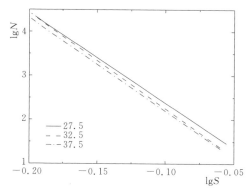

图 1.6 不同孔隙率透水混凝土 $\lg S$ - $\lg N$ 关系曲线

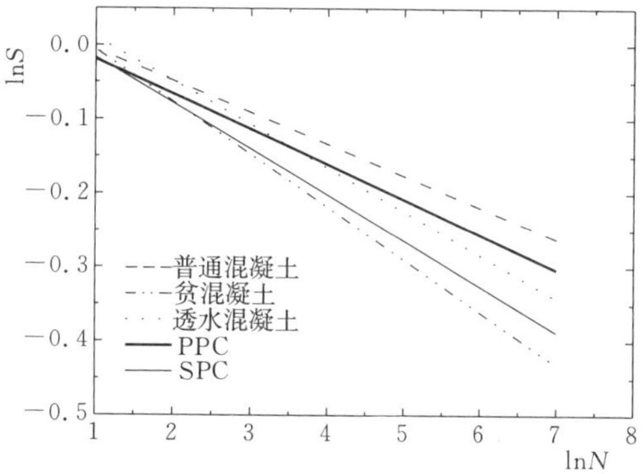

图 1.7 不同类型混凝土 $\ln S$ - $\ln N$ 关系曲线

6. 断裂力学特性

由于透水混凝土的发展时间较短，有关其断裂力学特性的研究较少。Brake 等（2016）通过对带缺口的透水混凝土梁进行三点弯拉试验，得到了不同尺寸透水混凝土梁的抗弯强度和断裂性能，建立了可用于预测断裂尺寸效应的模型，并且得出透水混凝土韧性比普通混凝土高的结论。

1.2.1.3 堵塞效应

堵塞效应主要与透水混凝土的孔隙率和孔结构性质的变化有关，其中包括孔径、孔隙形状、孔径分布和曲折度等，堵塞的颗粒物也会导致结构的渗透性下降（Ghafoori et al.，1995）。研究表明，堵塞材料进入材料内部的空隙中，会阻塞流动通道。此外，曲折度将会随着流动距离的增加而增加。部分学者通过试验研究了堵塞效应对透水混凝土孔隙率和孔结构特征的影响。宏观上，堵塞会降低透水混凝土面层的渗透性，影响到结构的渗透率，还会轻微降低结构内部的存储容量。Mata 等（2008）提出了堵塞的影响机制，并通过研究表明堵塞可能导致结构 3%～5% 的初始存储总量损失。

1.2.2 再生骨料透水混凝土的力学特性

再生骨料是由废弃的建筑物和黏土砖压碎后产生的可被重新利用的骨料，大小和天然骨料相近。使用建筑垃圾产生的再生骨料可以减少垃圾填埋，减缓自然资源的消耗，是一种利于资源回收利用的环保材料。已有学者证明再生骨料用于混凝土是可行的、经济的、有效的（Zhang et al.，2017；Yanya，2018）。最具成本效益的是再生骨料多孔混凝土（recycled aggregate porous concrete，RAPC），它的骨料体积中再生骨料可以达到80%以上（Bhutta et al.，2013；王倩，2017）。RAPC 内部含有大量的空隙，几乎没有任何细骨料。它是一个高孔隙率、高强度的粗骨料系统，骨架结构是由裹覆足够水泥浆料的再生骨料形成的，骨料之间的空隙表现在混凝土中即为孔隙。与普通混凝土相比，RAPC 不含细骨料，水泥用量少，具有良好的透水性、透气性，且密度和导热系数更低，因此，RAPC 不仅可用于排水系统、道路系统和河岸护坡，在隔声和隔热领域也有着重要应用（Zaetang et al.，2013；Gress et al.，1997）。

但 RAPC 也存在强度较低的短板，造成这一现象的原因主要有以下两个：一方面，多孔混凝土的孔隙率为15%～35%，内部含有大量的连通空隙，高孔隙率导致强度降低（Sun et al.，2018）；另一方面，再生骨料与天然骨料相比，在性能上有很大差异，天然骨料的吸水率低、密实性好、强度更高，而再生骨料的吸水率高、内部多孔、表面多缝隙、强度稍低（Rasiah et al.，2012），因此使用再生骨料浇筑混凝土进一步降低了 RAPC 的强度。

目前对于 RAPC 性能改善的研究，大多数是关于新材料的研究，很少从内部结构分析影响多孔混凝土强度和孔隙率的原因。且改善后仅在于测量混凝土块的各种性能，很少将其应用到具体环境、具体结构、具体荷载中进行力学研究。

1.2.2.1　基本物理性能

国外关于再生骨料透水混凝土的物理性能的研究开展的较早。Bhutta 等（2013）对再生混凝土骨料对透水混凝土基本性能的影响进行了研究；K. Ćosić 等（2015）在骨料的类型和尺寸对透水混凝土的影响方面进行了评价。Erhan Güneyisi 等（2016）研究了不同再生骨料替换率和水灰比对透水混凝土机械性能的影响。Zaetang 等（2016）探究了包含两种不同再生骨料的透水混凝土的性能。Barnhouse 等（2016）探究了包含再生骨料透水混凝土基本物理力学和水力学特性。

1.　孔隙率

Zhang 等（2020）在 RAPC 配合比设计中加入7%含量的细砂，结果表明抗压强度增加且不影响渗透率。Lori 等（2019）发现铜渣掺入 RAPC 后，渗透性、孔隙率和强度均有不同程度的提高。Sriravindrarajah 等（2012）通过试验研究表明，孔隙率相同的条件下，透水混凝土的强度会随着再生骨料的增加而降低，但是其孔隙率和透水性能无明显变化。

2.　渗透性

利用再生骨料制备的透水混凝土仍然是一种透水材料，必须保持一定的渗透性。由于矿物和地表颗粒随着雨水进入透水混凝土，部分会在孔隙内部堆积，形成堵塞，无法发挥其透水功能。Siriwardene（2007）研究发现，含有大量悬浮颗粒的雨水径流会在其生命周期内造成孔隙空间堵塞。随着较小的颗粒进入到较大颗粒形成的空隙中，堵塞的情况不断加重，说明堵塞物的粒径对堵塞有一定的影响。Joung（2010）采用连续级配砂对透水混凝土的堵塞情况进行了研究。Yuan等（2018）发现级配砂作为堵塞材料时，比非级配砂更容易形成堵塞。Skolasińska（2006）和 McLsaac（2007）发现，较小粒径的堵塞物可以加重堵塞。Pratt 等（1995）发现自然的堵塞是因为透水路面孔隙中微粒的堵塞，认为进入透水混凝土路面内部的堵塞物质量是重要的因素。孙家瑛等（2014）通过研究发现，再生骨料透水混凝土的透水性能会随着集料粒径增大或集料所占比值的提高而提高。

3. 耐久性

RAPC 在冻融破坏、海水腐蚀和海浪撞击等因素的作用下，使用寿命会大大缩短。目前，国内外学者在 RAPC 的冻融、碳化、抗氯离子侵蚀等耐久性方面的研究已取得了丰富的成果。再生骨料的大孔隙率和破碎产生的内部微裂缝会使RAPC 在经受冻融时，所受到的膨胀压力大于同配合比的普通混凝土，因此更容易受到冻融破坏（刘文白 等，2010）。Salem 等（2003）和尹志刚等（2019）的试验均表明 RAPC 的抗冻融性不如普通混凝土。Kevern 等（2008）在多孔混凝土中加入两种不同类型的聚丙烯纤维，结果发现纤维的加入能显著提高抗冻融能力，Nguyen 等（2017）加入压碎的海贝壳也有类似效果。混凝土的碳化又被称为混凝土的中性化，指空气中的 CO_2 与混凝土内部的 $Ca(OH)_2$ 发生反应，使混凝土的成分、组织和性质发生变化，从而对耐久性产生不利影响。RAPC 的碳化深度一般大于普通混凝土（Mi et al.，2021），但增加水泥浆料的密实度（如减小水灰比、掺加适量粉煤灰、采用二次搅拌工艺等）可以增大 RAPC 的抗碳化性能（Ghorbel et al.，2017）。由于再生骨料性能的差异，RAPC 在海水环境中的耐久性研究具有差异性。部分学者如安新正等（2011）的试验表明再生混凝土的抗侵蚀性能要优于同条件下的普通混凝土，但更多的学者如 Silva 等（2015）得出，随着再生骨料含量的增加和孔隙率的增加，混凝土的氯离子渗透深度也随之增加，但是矿物掺合料的使用对混凝土的抗氯离子渗透性有积极的影响。

1.2.2.2　力学性能研究

1. 相关影响因素

Güneyisi 等（2016）认为再生骨料的取代率以及水灰比是影响透水混凝土性能的 2 个主要因素，这也是造成再生骨料混凝土的各项力学特性指标都比普通骨料混凝土低的原因（刘文白 等，2010；Tabsh et al.，2009）。再生骨料取代率对于透水混凝土强度以及孔隙率的影响较大；而水灰比对透水性以及耐磨性的影响较大。通过改变配合比，可以在保证孔隙率的同时提高 RAPC 的力学性能。已有大量试验证实，粉煤灰、硅灰、矿渣、石灰石粉等矿物掺合料部分代替或完全替代水泥后，RAPC 的强度可大大提高（Vieira et al.，2020；Ibrahim et al.，2019；Rajib et al.，2020，Chen，2020）。此外，当水灰比较低时，这种强度减弱趋势会加剧（Rao et al.，2007；Choi et al.，2012）。对于再生骨料混凝土强度降低的理论，大量实验认为再生骨料的掺入会使混凝土的强度值减小 15%～35%（Pérezbenedicto et al.，2012；Fonteboa et al.，2002）。Rao 等（2007）的研究结果表明混凝土强度的衰减程度取决于置换比和骨料粒径的大小，Choi 等（2007）认为这主要是由于再生骨料比普通骨料拥有更大的吸水率。

然而，有些学者认为掺有再生骨料的混凝土强度与普通骨料混凝土的强度比较接近（甚至更高）（Mirjana et al.，2010；Razaqpur et al.，2010；Younis et al.，2013）。Xiao 等（2004）研究了再生骨料代替普通骨料的量为 30%～100% 的情况，实验结果表明，当再生骨料的代替量为 30% 时，混凝土抗压强度的降低是可以忽略的。Wagih 等（2013）的研究结果表明，25%～50% 为再生骨料的最优替换率区间。Carneiro 等（2014）认为 25% 掺量的再生骨料混凝土比普通骨料混凝土的强度更高，混凝土中再生骨料发生了断裂导致了其强度的增加。Soberón（2001）解释了以上不同结论的原因，他认为再生骨料的最终强度受废弃混凝土质量的影响。Tavakoli（1996）通过进一步研究得到，再生骨料混凝土的强度受原混凝土主要因素的影响，例如原混凝土强度、粗骨料与细骨料的比值及普通骨料最大粒径与再生骨料最大粒径的比值等。

2. 抗压强度

薛如政等（2017）分别以再生粗骨料和花岗岩粗骨料为集料制备混凝土，对其 28 天抗压强度进行研究对比发现前者的强度比后者低 20% 左右。Wagih 等（2013）和 Rahal（2007）在对再生骨料混凝土强度的研究中发现：掺入再生骨料的混凝土的各项力学指标都比普通混凝土低，并且这种降低与再生骨料的替换量成一定的比例关系。骨料粒径增大或骨料所占比值的提高，其抗压和抗折强度则会随之降低（孙家瑛 等，2014）。Zaetang 等（2016）利用再生粗骨料制备透水混凝土，发现再生骨料透水混凝土的抗压强度随着再生骨料取代率的增加而先增加后降低。当再生骨料取代率为 100% 时，对比再生骨料透水混凝土和普通透水混凝土的抗压强度以及劈裂抗拉强度，发现两者的抗压强度基本相同，前者的劈裂抗拉强度比后者的要低。陈守开（2017）以废弃的预制混凝土梁构件为再生骨料制备透水混凝土，结果表明，再生骨料透水混凝土能够满足基本的性能要求，其中内掺粉煤灰的混凝土抗压强度提高约 44%。

3. 弹性模量

Ghorbel 等（2017）通过实验证实再生骨料代替普通骨料的混凝土的抗拉强度和弹性模量均有不同程度的降低。他认为这主要是由于再生骨料混凝土孔隙率更高，并且其本身属性与普通骨料相比，与水泥浆的黏着力更差。

1.3　应　用　前　景

在当前海绵城市建设中，透水混凝土主要用于透水铺装和生态护坡建设工程，以下主要针对这两个方面的国内外应用现状和背景进行介绍。

1.3.1　透水铺装

1993 年，我国在国家建筑材料工业局的推动支持下，开始了透水混凝土与透水性混凝土路面砖研究的初步探索（张守庆 等，2016），并且在 1995 年的项目中尝试应用，受到了广泛的好评。1998 年，专家委员会通过部级鉴定［建材鉴字（1998）第 27 号］，统一认为"透水混凝土路面砖"的强度性能以及工艺技术已到国际先进水平（王武祥，2003）。目前透水混凝土路面铺装结构受到各部门的青睐，已在上海、北京、江苏等地开始推广使用。2008 年，北京奥运会场馆建设中的部分路面工程中也应用了透水混凝土。为了提高路面用透水混凝土的力学性能，杨静等（2000）采用减小骨料的粒径、添加矿物掺合料和有机增强剂等方式在保证材料透水性的同时增强了材料力学性能。通过添加细矿物和高效减水剂，所配制的透水路面抗压强度可超过 35MPa，再配合有机增强剂，抗压强度超过了 40MPa。中国建筑材料科学研究总院水泥科学与新型建筑材料研究所王武祥（1995）对用于路面铺装的透水混凝土材料开展了透水机理、材料强度和渗透性能及经济效益的全面研究。重庆交通大学王瑞燕（2004）采用 5.0～10.0mm 和 2.5～5.0mm 单粒径碎石，以及 5.0～10.0mm 与 2.5～5.0mm 组合级配碎石，配置得到的用于路面结构的透水混凝土抗折强度达到了 3.3～5.4MPa，符合道路工程的规范要求。

在国外，法国早已大量使用透水混凝土进行路边排水和硬路肩试验，在多孔混凝土配合比方面也开展了较为深入的研究。他们使用的路面透水混凝土骨料通常为 5～20mm 轧制碎石、少量砂、火山灰矿渣水泥或普通矿渣水泥，加水拌和而成，一般选择的水灰比范围为 0.36～0.55。为创造良好的生态环境，法国国内约六成网球场采用透水混凝土铺设。此外，在护坡绿化带中，法国也开始使用透水混凝土。透水混凝土路面摊铺由两台摊铺机和一台滑模摊铺机组成，根据铺设层厚和合适密实度要求选择碾压设备，并在作业完成后盖一层乳液在表面进行养护。

与法国相比，美国在透水铺装方面的研究还不够。为了尽可能减少路面积泥的现象，他们通常在路肩和水泥板的接缝处设置透水混凝土基层，用于快速排出储存在路面的水分（徐金欣，2012）。

日本研究人员在 1987 年申请了透水混凝土路面材料专利（关彦斌，2006）。通过选用单粒级粗骨料和细骨料，把有机高分子树脂作为胶凝材料包裹集料，从而配制出了主要应用于小区内道路的透水混凝土。由于日本处于长期降雨地区，汽车制动效果受雨天路面水膜的影响，极易发生交通事故。同时，汽车行驶也导致了城市噪声污染的形成（戴天兴，2002）。为解决这些问题，近畿地方建设局在日本和歌山 B·P 地区开展了透水性路面施工建设，并在工程结束后三个月内对路面渗透性、材料老化性、路面温度和噪声量进行了跟踪评价。结果表明，透水铺装路面有利于减少地下雨水流量，降低路面温度和汽车噪声（佚名，1995）。玉井元治、冈本享久等研究员设计了厚度约为 7～20cm 的透水混凝土路面结构。该结构选用的材料水灰比为 0.35，粗骨料为 5～13mm 或 2.5～7mm 粒级的碎石（姜从盛，2002），已应用于实际的公园道路、广场等多个项目。

然而当前透水混凝土铺装结构的研究还不尽完善，仍存在抗冻性弱、耐久性差等问题。例如，英国诺丁汉郡曾铺设了一条透水路面，其上面层为 5cm 厚的无细集料混凝土，下面层为 20.3cm 厚的普通混凝土。路面结构基层选用 20.3cm 厚的石灰石，上覆盖一层防水薄膜（杨学良，2004）。服役初期，测试路段运行良好，但 10 年后，试验路段的测试结果则不尽如人意。这主要是由于服役环境变化产生冻融循环和水力抽吸，从而使透水混凝土孔隙不断变大。同时，该路段位于郊区，平时会有大量的农业机械经过，导致透水混凝土的孔隙被灰尘堵塞，形成道路积水，从而使得道路表面变得松散（杨和平 译，1997）。

1.3.2 生态护坡

在传统的硬材料护坡工程中，整个河道表面封闭，水、生物和土壤之间的物质和能量循环系统遭到破坏，致使原有边坡植物无法继续生长（崔广柏，2008）。同时，受该结构保护的河流失去了原有的水环境，不利于河流生态系统的自净能力和自然生态系统的恢复，造成水和土地生态环境的恶化。

随着社会经济和科技的快速发展，以科学、生态、水利工程和生物科学为水土保持基础的新兴自然、水、景观和文化思想以及追求人与自然协调发展的理念正在兴起（陈明曦，2007）。生态护坡范围较广，国内外尚无明确界定，一般认为，生态护坡是指一种具有天然河岸"可渗透性"的人工护坡（曲媛媛，2009）。生态护坡，是一种利用植物和植物与工程材料结合的护坡技术，是工程力学、土壤学、生态学和植物学等学科的综合运用（王安静，2017）。将河流（渠道）建设的护坡系统与生态功能相结合，可以减少水土流失，保持生态多样性和生态平衡，创造健康的河流生态系统，改善生活环境。与传统的边坡防护技术相比，生态护坡技术成功解决了"绿化和硬化"的矛盾，创造出城市生态景观，美化环境，发挥积极作用，是现代化河流管理的趋势，也是水利建设发展较为先进形式的必然结果。

国外较早地对生态护坡进行了研究。日本是较早一批将透水混凝土作为生态材料进行研究的国家。20 世纪 90 年代初，日本提出使用木材、竹子、鹅卵石等天然材料建造"生态护坡堤"（何衡 等，2005）。20 世纪 90 年代中期，日本制定了植生型透水混凝土河川护坡工法，进一步对植生型透水混凝土展开了研究

（Yanagibashi，1998）。1993 年，日本大成建设技术研究所成功研发出植生型透水混凝土技术。护坡方法具有一定的强度、安全性和耐久性，同时起到了营造良好居住环境、保护自然景观的作用（曹梅英 等，2003）。

19 世纪 50 年代，德国在莱茵河的治理工程中提出了"近自然河道治理工程"的理念（徐朝辉 等，2009），并于 1965 年采用芦苇和柳树，在沿岸开展了生物护坡实验，它们的可靠性已经经过了实际洪水的考验、证实（杨海军 等，2004）。将生态护坡试验成果应用于莱茵河的堤防工程建设中，很好地实现了生态环境保护的理念，使其拥有较好的亲水性（王文野 等，2002）。在 20 世纪 70 年代后期，德国的莱茵河护坡方法在瑞士得到了继承和发展，发展了"多种天然河流生态修复技术"（杜良平，2007）。

韩国在生态护坡方面也对植生型透水混凝土展开过大量研究，20 世纪 90 年代初，韩国成功开发出可用于内河道生态护坡的多孔绿化混凝土块（朴正镐，2003）。

美国在新泽西莱利斯坦河岸采用可生物降解的纤维编织袋堆积土壤，植物种植在斜坡上（戴尔咪勒，2000）。船舶波浪的严重冲刷导致得克萨斯州克里斯河沿岸的护坡大面积倒塌，并且多次修复没有取得任何效果。最后，采用了混凝土联锁护坡，取得了良好的效果（史云霞，2007）。1999 年，美国建设的生物护坡工程在经历了弗洛伊德飓风的袭击后，基本没有损坏，这从工程层面证明了生态护坡的可行性（何衡 等，2005）。

据历史记载，我国早在公元前便利用篮子装上石块来稳固河流岸坡（罗帷，2011）。在现代生态护坡方面，我国的研究起步较晚，近些年来在充分吸收国内外在内河道整治经验和研究成果的基础上，逐渐开展了相关研究。张俊云等（2000）认为国内推广生态护坡的建设应该从研究本土的生态材料开始。邓红兵等（2001）对河岸的植被结构以及生态学进行了研究。董哲仁（2003）提出了"生态水工学"的概念。宋云（2004）、汤毅（2006）以及毛伶俐（2007）对生态护坡中植物的护坡机理进行了研究。南娟（2019）在马莲河防洪工程采用了生态格网的生态护坡形式。为了探究城市原有护坡结构对生态环境的影响，季永兴等（2001）进行了相关研究，探讨了用不同的材料来完善生态护坡的功能。赵良举（2005）通过结合生态护坡的概念，提出了城市河道生态护坡的植生型透水混凝土护坡技术方案。

植生型透水混凝土是一种生态友好型混凝土，植物可以直接在其中生长。这也是一种将植物引入混凝土结构的技术。这种透水混凝土适用于房屋表面、市政工程、边坡结构和河流边坡的造林和保护，具有以下特征：

（1）植生型透水混凝土不仅比普通混凝土具有更高的强度和更好的耐久性，而且可以像土壤一样种植各种植物。

（2）植生型透水混凝土具有节水养肥的种植基础。

（3）可根据坡度的实际情况在现场放置植生型透水混凝土。

（4）通过预制可缩短植生型透水混凝土工期。

（5）植生型透水混凝土不仅可以种植草，还可以种植中等大小的树木。

水利工程建设的过程中往往会破坏该地区原有土壤和植被生态环境的性质，影响植物和动物的生长。为了恢复生物多样性，日本、德国等国家使用植生型透水混凝土修复和重建生态环境。植生型透水混凝土不仅可以保护路堤，防止水土流失，而且可以直接在连续间隙的透水混凝土中播种，也可以在上面铺设一层种植土并在其中播种。透水混凝土具有良好的渗透性，有利于植物生长，适用于天然生态型护坡的建设。用于河流和湖泊护坡的植生型透水混凝土不仅具有传统混凝土护坡的特点，而且由于透水混凝土表面的绿色植物的生长，不仅改善了周围大气的环境，而且保持着绿色的自然景观。同时，微生物和小动物生活在渗透性混凝土的不平整表面或连续孔隙中，既保持了生物多样性，又净化了江河湖泊的水质，实现了多用途的环境效应。由此可知，生态护坡具有防洪、排水、生态效应和景观效应，符合社会可持续发展的建设需要，是内航道边坡防护技术的发展方向。

如今在生态护坡的建设中，植物与工程相结合的护坡形式应用较为广泛。不同的工程材料对生态护坡的影响不同。透水混凝土不仅能够满足工程的建设要求，还与植物有着较好的相容性，越来越受到人们的青睐。

1.4 本书的主要研究工作与研究方法

建筑垃圾中废弃的混凝土块经过破碎、分级等手段重新加工后的骨料颗粒被称为再生骨料，可以替代天然骨料制备混凝土，实践证明再生骨料用于混凝土是可行的、经济的。而将再生骨料掺入透水混凝土中以用于海绵城市的建设，需要对其进行大量的基础研究和试验验证。在透水铺装中，再生骨料透水混凝土的强度是否符合建设要求？其使用寿命能否满足耐久性标准？在生态护坡结构中，植被和再生骨料透水混凝土之间的关系是否和谐？植被生长后再生骨料透水混凝土护坡的抗冲刷抗侵蚀效果又如何？这些都需要进行科学的研究。然而当前有关再生骨料透水混凝土在实际工程应用中的研究理论基础仍较为薄弱，研究还不够全面，研究体系也尚不完善。

基于以上背景，本书深入开展了再生骨料透水混凝土配比设计、力学性能以及功能特性等方面的研究，主要内容分为 8 个章节。第 1 章为绪论，主要介绍了本书的研究背景和意义，总结了再生骨料透水混凝土在物理性能、力学性能以及生态应用等方面的研究现状以及本书的主要研究内容；第 2 章主要介绍了再生骨料透水混凝土的配制方法和浇筑工艺，提出了一种高孔隙率的全再生骨料透水混凝土配合比，并基于响应面分析方法对再生骨料透水混凝土配比进行了优化设计；第 3 章针对再生骨料透水混凝土的力学性能指标，开展了不同再生骨料掺量下透水混凝土试件的抗压强度、抗拉强度和抗弯强度测试，并通过 PFC5.0 数值软件模拟各种工况下混凝土内部裂隙的发育情况；第 4 章基于透水混凝土透水铺装实际受荷工况条件，对再生骨料透水混凝土疲劳断裂特性展开研究，建立了透水混凝土的应力-应变模型，并且在此基础上提出了再生骨料透水混凝土疲劳寿命预测模型；第 5 章分析了再生骨料透水混凝土的透水性能，结合 CT 扫描技术获得了混凝土的内部结构特征及准确孔隙率值，并通过室内试验模拟实际服役条件下透水铺装结构的堵塞效应，探究了孔隙率及堵塞次数对透水混凝土渗透性能的影响规律；第 6 章针对再生骨料透水混凝土生态护坡的植生性能开展了试验研究，评价了不同气候环境下植物的生长状态，基于实际工程对植生型透水混凝土护坡的抗冲刷性能进行试验评价；第 7 章针对生态护坡动力荷载工况，结合 AN-SYS 软件探讨了台阶式 RAPC 生态护坡砌块在不同荷载下的动力响应；第 8 章根据实际应用的现场调研情况对河岸带生态护坡工程特点进行了分析总结，提出了利用再生骨料透水混凝土生态护坡以及护坡植物选择的优化方案。本书提供的研究成果有效填补了目前再生骨料透水混凝土研究领域的薄弱部分，相关试验数据和计算结果可作为海绵城市透水铺装及生态护坡工程实施依据，对再生骨料透水混凝土在实际工程中的推广应用起到了重要作用。

第 2 章　再生骨料透水混凝土的配合比设计及优化

2.1　引　言

再生骨料可以部分或者全部替代普通骨料来制备透水混凝土，其取代率越高，则透水混凝土成本越低。然而透水混凝土的力学性能也会随取代率的变化而发生变化。透水混凝土在实际工程中所处服役环境复杂，对材料本身的性能要求较高。如何在最大限度取代率的情况下确保再生骨料透水混凝土满足工程力学性能要求是当前重要的研究内容。本章以再生骨料取代率作为变量，对 5 组不同配合比再生骨料透水混凝土的基本力学性能及孔隙率进行研究，提出了一种百分百再生骨料替代率的高孔隙率透水混凝土配合比设计，并采用响应面分析对再生骨料透水混凝土配合比进行优化设计，建立了配合比优化的响应面模型。

2.2　浇　筑　方　法

2.2.1　试验材料

2.2.1.1　再生骨料

本书选用的再生骨料是强度为 C30 的废弃混凝土试块经破碎、过筛后得到的，如图 2.1 所示。试验选取的再生骨料粒径为 10～30mm，其基本力学性能见表 2.1。

图 2.1　再生骨料

表 2.1　　　　　　　　　　　再生骨料的基本力学性能

骨料粒径 /mm	表观密度 /(kg/m³)	堆积密度 /(kg/m³)	吸水率 /%	空隙率 /%
10～15	2263	1198.06	3.19	47.06
15～20	2253.85	1126.93	3.26	49.99
20～30	2473.2	1159.31	3.25	53.13

2.2.1.2　天然骨料

试验选用粒径为 10～15mm 的天然碎石作为粗骨料。

2.2.1.3　水泥

试验采用密度为 3.11g/cm³ 的普通硅酸盐水泥，其 28 天后的抗压强度为 42.5MPa。

2.2.1.4　外加剂

试验采用 PCA 聚羧酸系高性能减水剂，其技术指标见表 2.2 和表 2.3。

表 2.2　　　　　　　　　　　减水剂的均匀性指标

形态	淡黄色液体	粉体含水率	2%
氯离子含量	0.01%	密度	1.1g/cm³
总碱量	0.02%	pH 值	7.0～8.0
液体含固量	40%	硫酸钠含量	0.01%

表 2.3　　　　　　　　　　　减水剂的受检混凝土性能指标

净浆流动度	280mm	抗压强度比（1d）	195%
减水率	37%	抗压强度比（3d）	185%
泌水率比	40%	抗压强度比（7d）	170%
含气量	2.00%	抗压强度比（28d）	160%
凝结时间之差——初凝	35min	收缩率比（1d）	100%
凝结时间之差——终凝	50min	相对耐久性（200 次）	—

2.2.1.5　拌和水

试验采用自来水作为拌和水。

2.2.2　配合比设计

目前还没有利用再生骨料浇筑透水混凝土的行业规范，具体的配比都是经过试验来确定的。对再生骨料来说，主要根据《再生骨料应用技术规程》（JGJ/T 240—2011）中配合比设计规定：计算基准混凝土配合比，应按现行行业标准《普通混凝土配合比设计规程》（JGJ 55—2011）的方法进行。对透水混凝土来说，一般按照《透水水泥混凝土路面技术规程》(CJJ/T 135—2009) 来计算其配合比。试验先按照《透水水泥混凝土路面技术规程》来计算配合比，然后再根据以往的试验经验以及其余规范来进行调整。

2.2.2.1 单位体积粗集料用量

单位体积粗骨料用量按照式 (2.1) 计算：

$$W_G = \partial \cdot \rho_G \tag{2.1}$$

式中　W_G ——透水水泥混凝土中粗骨料用量，kg/m^3；

　　　ρ_G ——粗骨料紧密堆积密度（单位体积粗集料用量），kg/m^3；

　　　∂ ——粗骨料用量修正系数，取 0.98。

2.2.2.2 胶结料浆体体积

胶结料浆体体积应按式 (2.2) 计算：

$$V_P = 1 - \partial \cdot (1 - V_C) - 1 \cdot R_{void} \tag{2.2}$$

式中　V_P ——每立方米透水水泥混凝土中胶结料浆体体积，m^3/m^3；

　　　V_C ——粗集料紧密堆积孔隙率，%；

　　　R_{void} ——设计孔隙率，%。

2.2.2.3 单位体积水泥用量

单位体积水泥用量应按式 (2.3) 确定：

$$W_C = \frac{V_P}{R_{w/c} + 1} \cdot \rho_C \tag{2.3}$$

式中　W_C ——每立方米透水水泥混凝土中水泥用量，kg/m^3；

　　　V_P ——每立方米透水水泥混凝土中胶结料浆体体积，m^3/m^3；

　　　$R_{w/c}$ ——水胶比；

　　　ρ_C ——水泥密度，kg/m^3。

2.2.2.4 单位体积用水量

单位体积用水量应按式 (2.4) 确定：

$$W_w = W_C \cdot R_{w/c} \tag{2.4}$$

式中　W_w ——每立方米透水水泥混凝土中用水量，kg/m^3；

　　　W_C ——每立方米透水水泥混凝土中水泥用量，kg/m^3；

　　　$R_{w/c}$ ——水胶比。

2.2.2.5 外加剂用量

外加剂用量应按式 (2.5) 确定：

$$M_a = W_C \cdot \beta \tag{2.5}$$

式中　M_a ——每立方米透水水泥混凝土中外加剂用量，kg/m^3；

　　　W_C ——每立方米透水水泥混凝土中水泥用量，kg/m^3；

β ——外加剂的掺量,%。

2.2.3 制备工艺

2.2.3.1 搅拌方法

透水混凝土常用的拌和方法主要有两种:一次投料法和水泥浆裹石法。一次投料法就是把水泥、骨料、水以及外加剂一起一次性拌和成型。水泥浆裹石法则是先将水泥、水和减水剂放入搅拌机中搅拌,然后加入骨料进行搅拌,从而使得水泥净浆包裹在骨料表面。

图 2.2　实验室用强制式搅拌机

本书在大量搅拌过程中,总结经验教训,改进了传统的水泥浆裹石法,提出了一种便于调整原材料的搅拌方法。再生骨料透水混凝土搅拌使用强制式搅拌机,如图 2.2 所示。具体操作步骤如下:

（1）根据试验配合比计算不同材料的用量并称取。

（2）将粗骨料和水泥同时倒入搅拌机中干拌 30s。

（3）将占总用水量 70% 的水与减水剂混合均匀后加入搅拌机中搅拌 1min。通过观察水泥浆和骨料之间的包裹关系,适量加入剩余的水,记录下来剩余水的重量,便于调整。

（4）再次加入水后再搅拌 4~6min。这是因为在根据设计配合比计算用水量时,考虑了再生骨料本身的吸水率。

2.2.3.2 成型方法

将新拌再生骨料透水混凝土装入模具后,水泥浆体可能会随着震动下沉,出现封底,从而堵塞孔隙,影响其透水性能。为了避免这种情况的发生,对混凝土试件采用人工插捣与机器振动相结合的成型方法。具体操作步骤如下:

（1）将新拌混凝土分三次平均装入试件模具中,模具为边长 150mm 的立方体。

（2）每完成模具一层的填充之后,对其进行捣实,后将模具放置于振动台上,振动一次。填充第一层和第二层后的振动持续时间为 5s,填充第三层后的振动持续时间为 10s。

（3）振动完成后,使用抹刀抹平模具上表面。

2.2.3.3 养护方法

再生骨料透水混凝土常用的养护方法有两种:水下养护和覆膜洒水养护。水下养护就是把未拆模混凝土试件放入水下养护,3 天后拆模,然后继续在水下养护至 28 天。覆膜洒水养护是对混凝土试件进行覆膜处理。在进行薄膜养护时,需要在薄膜上洒水，洒水频率前一周一天一次，之后每三天一次。第 4 天即可进行拆模。

2.2.4 性能测定方法

2.2.4.1 孔隙率

孔隙率测定选取边长为 150mm 的立方体试块，具体步骤如下：

（1）选取 3 个混凝土试件，将其放入如图 2.3 所示的烘箱中，24h 后将其取出用网兜包裹，记录其质量，精确到 0.1g，记为 w_a。

（2）将被网兜包裹的混凝土试件放入充满水的水箱里，保证其完全浸没在水中，浸泡 5min 后翻转混凝土试件，并在底部轻轻敲打，排出多余的气泡。整个翻转过程要保证试件完全浸没在水中。

（3）5min 后拉起网兜，使试件在水中处于悬浮状态，记录其质量，记为 w_w。使用公式（2.6）计算其孔隙率。

$$\phi = 1 - \left[\frac{(w_a - w_w)/\rho_w}{v} \right] \tag{2.6}$$

2.2.4.2 抗压强度

再生骨料透水混凝土抗压强度测定使用 SANS 疲劳试验机，如图 2.4 所示。单轴压缩试验选用的立方体试件尺寸为 150mm×150mm×150mm。

图 2.3　烘箱　　　　　　　　图 2.4　SANS 疲劳试验机

2.3　再生骨料替代率的影响

2.3.1 试验方案

为研究不同再生骨料替代率对透水混凝土性能的影响，浇筑了 5 种不同的再生骨料替代率的再生骨料透水混凝土。骨料替代率分别为 0、25%、50%、75% 和 100%，分别记为 NAC、RAC25、RAC50、RAC75 和 RAC100。对相关规范及已有成果进行研究，结合以往的制备经验，确定水灰比为 0.28 （程娟 等，2006）。试验的配合比设计见表 2.4。

表 2.4　　　　　　　　　　　　不同再生骨料配合比

编号	材料用量/（kg/m³）				
	水泥	水	普通石子	再生骨料	减水剂
NAC	400	112	1425	0	1.215
RAC25	400	120	1068.75	356.25	1.215
RAC50	400	128	712.5	712.5	1.215
RAC75	400	136	356.25	1068.75	1.215
RAC100	400	144	0	1425	1.215

需要注意的是，制备再生骨料透水混凝土时，需要计算再生骨料 10min 的吸水率选取附加水的量，同时再生骨料透水混凝土的拌制时间一般应控制在 10min 以内。

2.3.2　孔隙率

不同再生骨料掺量下的再生骨料透水混凝土的孔隙率如图 2.5 所示。从图中可以看出，骨料替代率与透水混凝土孔隙率几乎成正比关系。从试验结果中还可以看出，再生骨料透水混凝土的孔隙率远远大于普通透水混凝土。这是由于再生骨料本身的吸水性较强，因此，在采用重量法计算透水混凝土孔隙率时，也会将部分再生骨料本身的孔隙同时计算进去。

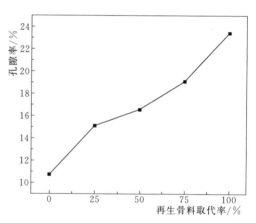

图 2.5　再生骨料透水混凝土孔隙率

2.3.3　基本力学性能

不同骨料替代率下再生骨料透水混凝土力学性能测试结果见表 2.5。

表 2.5　　　　　　　　　　再生骨料透水混凝土力学性能测试结果

编号	抗压强度 /MPa	劈拉强度 /MPa	三点弯拉强度 /MPa	四点弯拉强度 /MPa
NAC	30.75	2.14	3.10	2.76
RAC25	25.54	1.97	2.34	2.12
RAC50	22.1	1.69	2.21	1.51

编号	抗压强度 /MPa	劈拉强度 /MPa	三点弯拉强度 /MPa	四点弯拉强度 /MPa
RAC75	14.03	1.57	1.64	1.65
RAC100	12.49	1.13	1.12	1.05

2.3.3.1　立方体抗压强度

由表 2.5 可以看出，再生骨料取代率越大，再生骨料透水混凝土的抗压强度就越低。这是因为再生骨料本身的强度较低，其压碎值高于普通骨料。因此，再生骨料掺量越多，再生骨料透水混凝土强度就会越低。试验结果表明，当再生骨料取代率为 100% 时，其抗压强度能达到 12.49MPa，可满足植生型生态护坡的要求，这表明全再生骨料透水混凝土可以直接作为植生型生态护坡工程的建设材料。

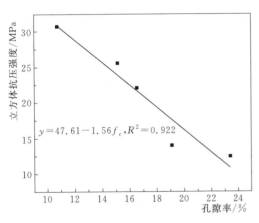

图 2.6　孔隙率与立方体抗压强度的关系

分析再生骨料透水混凝土的孔隙率和立方体抗压强度的关系，如图 2.6 所示。试验结果表明再生骨料透水混凝土的抗压强度随着孔隙率的增大而减小，拟合得到孔隙率与抗压强度的关系曲线：

$$y = 47.61 - 1.56 f_c \tag{2.7}$$

式中　y——透水水泥混凝土孔隙率，%；

　　　f_c——再生骨料透水混凝土抗压强度，MPa。

2.3.3.2　劈拉强度

对再生骨料透水混凝土试件的劈拉强度与再生骨料取代率进行研究，结果如图 2.7 所示。从图中可以看出，劈拉强度随着再生骨料取代率的增加而降低。这可能是再生骨料与水泥浆之间的黏

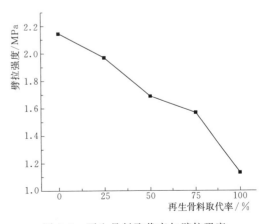

图 2.7　再生骨料取代率与劈拉强度

结作用比普通骨料和水泥浆之间的黏结作用要弱导致的。

2.3.3.3　弯拉强度

对表 2.5 中再生骨料透水混凝土的弯拉强度趋势进行研究，发现弯拉强度会随着再生骨料取代率的增加而降低。其中，三点弯拉强度和四点弯拉的下降趋势相似。与劈拉强度下降的原因相似，弯拉强度下降也是因为再生骨料本身强度较低，同时其周围往往存在旧水泥砂浆而导致其与水泥之间黏结力较差。

2.3.3.4　强度关系

基于试验所得数据，拟合得到不同强度之间的关系见式（2.8）～式（2.10）。

$$f_{st} = 0.307(f_c)^{0.56} \tag{2.8}$$

$$f_{tb} = 0.115(f_c)^{0.95} \tag{2.9}$$

$$f_{fb} = 0.123(f_c)^{0.88} \tag{2.10}$$

式中　f_c——再生骨料透水混凝土标准抗压强度，MPa；

f_{st}——再生骨料透水混凝土劈拉强度，MPa；

f_{tb}——再生骨料透水混凝土三点弯拉强度，MPa；

f_{fb}——再生骨料透水混凝土四点弯拉强度，MPa。

图 2.8 反映了再生骨料透水混凝土抗压强度和劈拉强度之间的关系，可以发现劈拉强度随着抗压强度的增加而提高。图 2.9 反映了再生透水混凝土抗压强度和弯拉强度之间的关系，结果显示弯拉强度随着抗压强度的增加而提高。

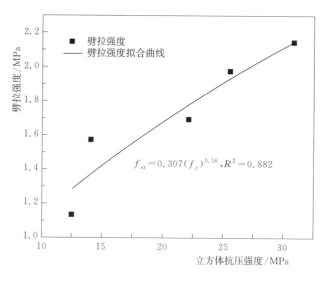

图 2.8　立方体抗压强度与劈拉强度

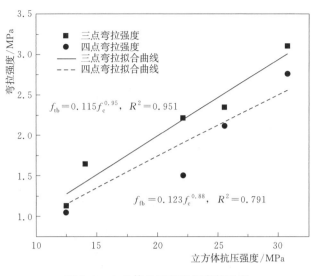

图 2.9　立方体抗压强度与弯拉强度

2.4　全再生骨料透水混凝土设计

2.3 节试验结果表明，当再生骨料 100% 取代普通天然骨料浇筑透水混凝土时，透水混凝土仍具有一定的立方体抗压强度，可满足某些工程强度需求。因此，本节通过三次主要配合比调整获得了一种孔隙率大于 20%，抗压强度大于 10MPa 的再生骨料透水混凝土。

2.4.1　配合比设计

2.4.1.1　第一次配比设计

设定透水混凝土的孔隙率为 25%，选用再生骨料粒径为 10～15mm。按照 2.2.2 节中的配合比设计方法，所得第一次配合比见表 2.6。

表 2.6　　　　　　　　　再生骨料透水混凝土第一次配比

水灰比 /(kg/m³)	水泥 /(kg/m³)	水 /(kg/m³)	再生骨料 /(kg/m³)	骨料含水量 /(kg/m³)	减水剂 /(kg/m³)	目标孔隙率 /%
0.3	515.727	154.718	1174.1	37.57	2.578	25
0.27	527.9	142.533	1174.1	37.57	2.578	25
0.25	536.36	134.09	1174.1	37.57	2.578	25

根据以往的经验，实验室使用的水泥和再生骨料之间的比例一般为 1/4～1/6。因此，这样的一组配比实际上是不合理的，同时减水剂的用量也不合理。为了验证该配比的合理性，使用实验室用强制式搅拌机进行试配。

2.4.1.2　第二次配比设计

结合第一次配比设计的浇筑经验以及规范中的部分内容，调整出一组新的配比，见表 2.7。

表 2.7　　　　　　　　再生骨料透水混凝土第二次配比

组别	粒径/mm	水灰比/(kg/m³)	水泥/(kg/m³)	水/(kg/m³)	再生骨料/(kg/m³)	骨料含水量/(kg/m³)	减水剂/(kg/m³)
A	15~20	0.294	380.44	111.96	1200	39	0.630
B	15~20	0.275	300	82.5	1200	39	0.6327
C	15~20	0.258	300	77.4	1200	39	0.6327
D	15~20	0.242	300	72.6	1200	39	0.696
E	20~30	0.25	338	84.5	1200	39	0.6845

2.4.1.3　第三次配比设计

在第二次配比浇筑装模后，养护 3 天后，测试混凝土的抗压强度以及孔隙率，根据测量结果调整配比见表 2.8。主要是对 D 组和 E 组两组的配比进行调整。测量方法以及测量结果在 2.4.2 中统一介绍。

表 2.8　　　　　　　　再生骨料透水混凝土第三次配比

组别	粒径/mm	水灰比/(kg/m³)	水泥/(kg/m³)	水/(kg/m³)	再生骨料/(kg/m³)	骨料含水量/(kg/m³)	减水剂/(kg/m³)
D - W	15~20	0.25	300	75	1200	39	0.696
DW - P	15~20	0.25	300	75	1200	39	0.600
E - P	20~30	0.25	338	84.5	1200	39/35.915	0.634
EP - P	20~30	0.25	338	84.5	1200	39/21.127	0.528
EP - AP	20~30	0.25	338	84.5	1200	34/20	0.560

这里对表中的一些符号做出解释：

（1）"组别"一列第一行"D - W"中"D"对应表 2.7 第二次配比中的组别号，"-"代表是在前者组别基础上做出改变，"W"代表做出改变的是水的量。而在"D - W"这个组别做出改变的话，在组别上就标注为"DW -"。例如，"DW - P"就代表在表 2.8 第三次配比的"D - W"组别上对 P 做出改变。其中，W 代表水，P 代表减水剂，A 代表附加水。

（2）"附加水"一列中第三行"39/35.915"，"/"前代表原设计用量，"/"后代表浇筑过程中的实际用量。这是因为在搅拌过程中，加入 70% 的水后搅拌 1 分钟，剩余 30% 的水并没有一次性全部加完，而是加一部分以后停止搅拌，简单观察其状态并用手简单抓取，观测其坍落状况，根据水泥浆包裹骨料状态来确定是否继续加水。

2.4.2 结果及分析

按照配比，每组浇筑 4 个混凝土试件。浇筑完成后，在边长为 150mm 的立方体模子中养护 3 天，养护方法采用覆膜洒水养护。3 天后拆模，测量其孔隙率以及抗压强度，并根据测量结果调整配比，重复此步骤以选择符合试验要求的配比。

2.4.2.1 第一次配比试验结果

以表 2.6 中的配比以及 2.2.3 中的制备方法来进行配比试验，加入 70% 的水后搅拌 3min。结果发现浆体不能包裹在再生骨料表面，离析状态严重，如图 2.10 所示。待再次搅拌 3min 后，离析状态没有明显的改变，说明本次试配试验采用的配比确实有误。出现这种情况的原因可能是减水剂使用过多。因此，按照胶结材料占比 0.05% 下调后进行搅拌，发现包裹状态仍不理想。

图 2.10 第一次试配混凝土离析状态图

2.4.2.2 第二次配比试验结果

按照第二次配比浇筑透水混凝土，浇筑过程中浆体能够包裹再生骨料，如图 2.11 所示。每组配比浇筑 4 个试件，装在边长为 150mm 的立方体模具中，如图 2.12 所示。

覆膜洒水养护 3 天后拆模，按照 2.2.4 中所示方法，对其孔隙率和抗压强度进行测量，测量结果见表 2.9。

图 2.11 浆体与再生骨料混合情况　　图 2.12 混凝土装模

表 2.9　　　　　　　　　　第二次配比混凝土基本性能

组别	粒径/mm	水灰比	荷载峰值/kN	抗压强度/MPa	孔隙率/%
A	15～20	0.294			
B	15～20	0.275	416.72	18.52	13.3
			450.15	20.01	11.8
			438.10	19.47	12.9
C	15～20	0.258	444.81	19.77	8.7
			326.88	14.52	14.8
			404.28	17.97	11.3
D	15～20	0.242	239.91	10.66	17.1
			294.78	13.10	19.7
			268.24	11.92	18.5
E	20～30	0.25	455.27	20.23	11.8
			423.18	18.80	13.6
			430.56	19.14	10.7

　　从图中可以看出，A 组再生骨料透水混凝土底部沉浆现象严重，因此没有进行抗压强度和孔隙率试验的必要。从抗压强度的结果来看，其余 4 组的强度都是符合要求的。同一组再生骨料透水混凝土试件的抗压强度不一样，这是由透水混凝土本身的特性以及浇筑完成后装模的方式决定的。透水混凝土只采用再生骨料和水泥浆体，其连接主要靠浆体包裹骨料互相黏结，而其成型方法，在前文中也有提到，采用的是人工插捣法。在人工插捣的过程中，会有误差，其强度会有些许的改变，但影响并不是很大。再生骨料透水混凝土试件的孔隙率都没有达到 20% 以上，但强度都达标，基于这种情况对第二次配比方案进行改动。

2.4.2.3　第三次配比试验结果

　　按第三次配比浇筑后混凝土基本性能见表 2.10。

表 2.10　　　　　　　　　　第三次配比混凝土基本性能

组别	粒径/mm	水灰比	荷载峰值/kN	抗压强度/MPa	孔隙率/%
D-W	15～20	0.25	344.01	15.29	20.32
			297.17	13.21	15.66
			311.08	13.83	30.48
DW-P	15～20	0.25	350.19	15.56	19.63
			314.08	13.96	18.87
			320.63	14.25	19.62

续表

组别	粒径/mm	水灰比	荷载峰值/kN	抗压强度/MPa	孔隙率/%
E-P	20~30	0.25	358.92	15.95	14.67
			425.84	18.93	17.04
			343.16	15.25	19.41
EP-P	20~30	0.25	334.03	14.85	23.41
			364.94	16.22	23.92
			343.82	15.28	23.28
EP-AP	20~30	0.25	324.68	14.43	18.96
			356.92	15.86	20
			438.18	19.47	13.33

D-W 组孔隙率波动太大，EP-P 组对比 DW-P 来说，孔隙率更接近目标孔隙率 25%。E-P 组和 EP-AP 组存在有不同程度沉浆现象，如图 2.13 所示。综合抗压强度以及孔隙率的波动情况，EP-P 组最符合预期要求，但是可以看出，EP-P 组的孔隙率距离目标孔隙率 25% 还是有差距，这也是目前浇筑透水混凝土存在的一个问题，即不能保证孔隙率精确达到目标孔隙率。

图 2.13　再生骨料透水混凝土沉浆情况

2.5　基于响应面法的配合比优化

混凝土的配合比包括胶凝材料的类型和成分、混合比例、化学外加剂、骨料的组成、混合压实方法等，配合比优化是指改变其中的一项或多项，使混凝土的强度、渗透性、孔隙率等性能得到改善。

2.5.1　试验原理

从内部构造来看，多孔混凝土是由浆料、骨料和连通孔隙构成的，如图

2.14 所示。浆料是连接骨料的黏结剂，骨料是承重的主要构件，孔隙是浆料在骨料表面涂覆后没有延伸到骨料间隙的区域，因此多孔混凝土的稳定性是靠浆料和骨料之间的黏结来维持的（Dang et al.，2014；Tang et al.，2019；Gaedicke et al.，2014）。骨料表面提供过少的浆料会使黏结薄弱，过量的浆料会引起空隙堵塞，这对于多孔混凝土的强度和孔隙率是不利的。显然，多孔混凝土的孔隙率和强度与浆料性能、浆料在骨料表面的涂层厚度和骨料的总孔隙率有关。

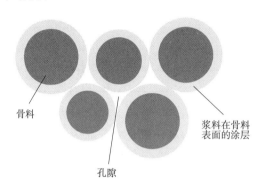

骨料

浆料在骨料表面的涂层

孔隙

图 2.14　多孔混凝土的内部结构示意图

成膜能力通常用于评价浆料的黏结能力和骨料表面的浆料量（Xie et al.，2018；Betiglu，2014；Jimma，2015）。首先，为了评价水泥浆料自身的性能，学者们提出了理想浆料厚度（ideal paste thickness，IPT）的概念，它是指浆料在绝对光滑的非吸收表面形成稳定的膜的厚度。其次，浆料在骨料上的涂覆厚度是浆料性能、骨料表面纹理和水分条件共同作用的结果，采用实际浆料厚度（actual coating thickness，ACT）衡量浆料在骨料表面的成膜能力。显然，这两个成膜能力与水泥浆料的流动性及再生骨料的物理性质有关。此外，考虑到骨料之间的空隙率对混凝土最终的孔隙率也有影响（在骨料表面的涂覆厚度相同的情况下，骨料的空隙含量越大，最终混凝土的内部孔隙越大），本书提出骨料空隙含量（the void content，TVC）表示不同级配时骨料的空隙率变化。

对多孔混凝土的内部结构进行理想化假设作为 IPT、ACT 和 TVC 量化的基础。

假设 1：浆料在完全涂覆骨料后没有残留。这样假设的原因有两个：一是根据 Tang 等人（2019）所述，如果浆料均匀地附着在粗骨料表面，多孔混凝土能达到理论上的最大抗压强度。二是当多孔混凝土的浆料刚好足够覆盖骨料颗粒时，没有多余的浆料填充骨料之间的空隙，骨料之间的空间是空的，这样可以形成连通空隙（Htay et al.，2017）。

假设 2：所有骨料为以粒径为直径的球型，某个粒径区间内的骨料均按粒径中值计算，骨料的总比表面积与级配相关（Xie，2018）。这样假设后，单个粒径的骨料比表面积计算公式如下：

$$S_i (\mathrm{cm^2/g}) = \frac{6}{d\rho_A} \tag{2.11}$$

式中 d——骨料的粒径，cm；

ρ_A——骨料的密度，g/cm^3。

因此，某个级配的总比表面积为

$$S_A(cm^2/g) = \sum_{i=1}^{n} S_i \times V_i \qquad (2.12)$$

式中 i——指粒径区间的个数；

V_i——指相应粒径区间的骨料占总骨料体积的百分比。

假设 3：不同尺寸的骨料上的涂覆厚度相同。那么，总浆料体积除以总比表面积即可看作单个骨料上的 ACT。

2.5.2 试验方案

2.5.2.1 材料准备

选取三种常用的混凝土外加剂：减水剂（superplasticizer，SP）、增稠剂（viscosity modifying admixture，VMA）和缓凝剂（retarder，RE）调节浆料的流动性，研究水灰比为 0.32 时，不同剂量组合对水泥浆料性能的影响。其中，SP 能够提高浆料的流动性，特别是在低水灰比的情况下作用明显；VMA 用于稳定水泥浆料，防止水泥的流浆现象；RE 可以防止水泥固化过快，增加可操作时间。它们的物理性质见表 2.11。

表 2.11　　　　　　　　三种外加剂的物理性质

外加剂类型	主要成分	固体含量/%	表观特征
SP	聚羧酸	40	淡棕色液体
VMA	VMA	3	白色液体
RE	糖类聚合物	32.5	白色液体

使用 32.5 级普通硅酸盐水泥制备浆料，水泥密度为 $3.11g/cm^3$，28 天抗压强度为 32.5MPa。由于多孔混凝土的适宜水灰比在 0.27~0.43 之间，试验选取 0.32（Bonicelli et al.，2015）。

理想的光滑表面由四根聚乙烯聚合物塑料棒（直径 1.6cm）提供，在试验前需要用干净的水润湿，并用湿毛巾擦干它们的表面。

骨料由三种不同大小的再生骨料组成，分别表示为 Size A、Size B 和 Size C，有关它们的物理性质见表 2.12。

表 2.12　　　　　　　　试验使用的再生骨料的物理性质

分类	粒径区间/mm	密度/(g/cm³)	比表面积/(cm²/g)
Size A	9.5~12.5	1.0991	4.9627
Size B	4.75~9.5	1.0537	7.9919
Size C	2.36~4.75	1.0365	16.2833

多孔混凝土的骨料组成一般不含砂，但是砂的存在能有效调节空隙含量，并显著改变骨料的细度模数。Lian 等人和 Silvija 等人证实，当多孔混凝土中砂的含量小于 10% 时可以显著提高混凝土的抗压强度且不影响孔隙率。因此，试验采用少量砂进行 TVC 试验（Size S）（Lian et al.，2010；Silvija Mrakovčić et al.，2014）。表 2.13 列出了所使用砂的物理性质。

表 2.13　　　　　　　　　　试验采用的砂的常见物理性质

表观密度 /(g/cm³)	堆积密度 /(g/cm³)	粒径 /mm	比表面积 /(cm²/g)	细度模数	级配区间
2.600	1.487	0.15～2.36	32.1511	2.9	Ⅱ

2.5.2.2　试验设计

为优化混凝土的配合比，统计模型被引入到相关的试验过程和分析中，其中响应面法（response surface methodology，RSM）是一种常用的方法，它可以将配合比作为变量因素，多孔混凝土的性能作为响应值，通过多元二次回归方程拟合出两者之间的函数关系，这个函数关系即为响应面模型，根据响应面模型可以得出因素改变后的预测响应值。RSM 包括响应面设计（response surface design，RSD）和响应面分析（response surface analysis，RSA）两部分。RSD 主要负责设计试验方案，RSA 可以建立并分析模型（Myers et al.，1989）。

1. IPT 和 ACT 的响应面设计

对于 IPT 和 ACT 来说，是一个多元（多因子）目标优化问题，可以采用二阶响应面设计。典型的二阶 RSD 包括 Full‐Factorial 设计（FFD）、中心复合设计（CCD）和 Box‐Behnken 设计（BBD）。FFD 需要大量的试验，而且模型的精度很低，所以一般不使用（Ray S et al.，2011）。对于三个因子及以上的二阶设计，响应面与因子之间的非线性关系可以通过预测精度较高的 CCD 和 BBD 来评估。但是在相同因子数（因素）的情况下，BBD 需要进行的试验次数小于 CCD。此外，由于 BBD 限制了实验中因子的变化范围（BBD 将因素的变化范围编码为 -1、0、1，表示因素实际上的最低值、中间值、最高值），因此变量的变化永远不会超过安全范围。总之，BBD 在这三者中具有更大的优势（Ferreira et al.，2007；Box et al.，2012）。

假设变量因素的个数为 q，那么 BBD 设计的试验数量为 $N = 2q(q-1) + N_0$ [N_0 为中心点（0，0，0）的个数]（Ferreira et al.，2007）。由于试验选用 3 种外加剂，因此变量因素的个数为 3，根据 BBD 的原理共有 15 个数据点（12 个因素水平和 3 个中心点），对应 15 组试验，具体设计矩阵为 [最后一行的中心点（0，0，0）有三个]：

$$\begin{bmatrix} \pm 1 & \pm 1 & 0 \\ \pm 1 & 0 & \pm 1 \\ 0 & \pm 1 & \pm 1 \\ 0 & 0 & 0 \end{bmatrix}$$

表 2.14 列出了用因素水平编码的 15 组试验，其中，−1、0、1 分别代表外加剂的最小剂量、中间剂量和最大剂量。试验中水灰比采用 0.32。三种外加剂的最小剂量和最大剂量是根据推荐的使用范围确定的。

表 2.14　　　　　　　　IPT 和 ACT 的 BBD 设计方案

试验因素水平	外加剂剂量（固体含量占水泥体积的百分比）		
	SP	VMA	RE
低（−1）	0.1	0.005	0.025
中（0）	0.15	0.008	0.050
高（1）	0.2	0.011	0.075

	编码	SP	VMA	RE	水灰比	水泥	减水剂含量/g		
							SP	VMA	RE
试验方案	000	0	0	0	0.32	1000	3.75	2.67	1.54
	000	0	0	0	0.32	1000	3.75	2.67	1.54
	0+−	0	1	−1	0.32	1000	3.75	3.67	0.77
	000	0	0	0	0.32	1000	3.75	2.67	1.54
	++0	1	1	0	0.32	1000	5.00	3.67	1.54
	0++	0	1	1	0.32	1000	3.75	3.67	2.31
	+0−	1	0	−1	0.32	1000	5.00	2.67	0.77
	−−0	−1	−1	0	0.32	1000	2.50	1.67	1.54
	−0−	−1	0	−1	0.32	1000	2.50	2.67	0.77
	0−+	0	−1	1	0.32	1000	3.75	1.67	2.31
	−0+	−1	0	1	0.32	1000	2.50	2.67	2.31
	−+0	−1	1	0	0.32	1000	2.50	3.67	1.54
	+−0	1	−1	0	0.32	1000	5.00	1.67	1.54
	+0+	1	0	1	0.32	1000	5.00	2.67	2.31
	0−−	0	−1	−1	0.32	1000	3.75	1.67	0.77

2. TVC 的响应面设计

TVC 与骨料的级配有关，而级配本质上是混合物各组分的比例问题。RSD 在优化混合物比例方面有广泛的应用，主要有单纯形格设计和单纯质心设计两种方法（Vázquez – Rivera et al.，2015；Scheffé，1958）。混合试验的概念和分析理论是 Scheffé 在 1958 年首次提出的（Scheffé，1963）。Scheffé 指出，单纯形格设计可以找出响应与混合分量之间的潜在关系，但一个缺点是它只考虑一定数量的分量之间的相互作用，而不是同时考虑它们之间的相互作用。为了弥补这一点，Scheffé 在 1963 年提出了单纯质心设计，它是由 $2k-1$ 设计点（涉及 k 个分量的每个非空子集）组成的（Khan et al.，2016）。

采用单纯质心设计对四种不同的骨料尺寸（Size A、Size B、Size C 和 Size S）进行了优化，设计了 24 个数据点拟合响应模型（24 种级配），其中包括 15 个基本点、4 个额外设计点和 5 个重复点。试验设计见表 2.15。

表 2.15 **TVC 的单纯质心设计方案**

级配编码	不同粒径骨料含量/%			
	Size A	Size B	Size C	Size S
BS	0.000	0.500	0.000	0.500
ABCS*	0.125	0.125	0.125	0.625
B	0.000	1.000	0.000	0.000
C	0.000	0.000	1.000	0.000
ABCS	0.250	0.250	0.250	0.250
ACS	0.333	0.000	0.333	0.333
ABS	0.333	0.333	0.000	0.333
S	0.000	0.000	0.000	1.000
CS	0.000	0.000	0.500	0.500
S	0.000	0.000	0.000	1.000
AS	0.500	0.000	0.000	0.500
C	0.000	0.000	1.000	0.000
B	0.000	1.000	0.000	0.000
A	1.000	0.000	0.000	0.000
ABC	0.333	0.333	0.333	0.000
A	1.000	0.000	0.000	0.000
AB	0.500	0.500	0.000	0.000
BCS	0.000	0.333	0.333	0.333
ABC*S	0.125	0.125	0.625	0.125
AB*CS	0.125	0.625	0.125	0.125
AC	0.500	0.000	0.500	0.000
BC	0.000	0.500	0.500	0.000
AB	0.500	0.500	0.000	0.000
A*BCS	0.625	0.125	0.125	0.125

2.5.2.3 试验步骤

1. IPT 和 ACT

在容量为 5L 的低速 JJ-5 水泥搅拌混合机中制备水泥浆料。首先，将 1000g 水泥和 320g 水倒入搅拌碗中搅拌 1min，然后暂停机器，刮擦搅拌碗侧壁后继续搅拌 1min；接着加入 SP 搅拌 1min；之后停止搅拌机，加入 RE 搅拌 1min；最后加入 VMA，搅拌 1min。

IPT 表征水泥浆料在理想光滑表面的成膜能力，仅与浆料的自身性能有关。反映到试验上是计算聚乙烯聚合物塑料棒上新鲜浆料的涂层厚度，如图 2.15 所示。一个完整的 IPT 实验包括五个步骤：①准备新鲜水泥浆；②将浆料倒入容器中；③将塑料棒浸入浆料中，每个塑料棒在 15s 内旋转 20 次，模拟实际混合过程；④在 2s 内从浆料中取出棒，并将塑料棒垂直固定 2min，直到没有浆料掉落；⑤测量塑料棒的浸没长度，记录塑料棒的增重。根据塑料棒的几何形状和浆料密度，IPT（cm）满足方程（2.13）。

$$\left[\frac{\pi}{4}(d+2\text{IPT})^2 \times h - \frac{\pi}{4}d^2 \times h\right] \times \rho_p = M \qquad (2.13)$$

式中 d——高分子塑料棒的直径，cm；

h——塑料棒在烧杯中浸入水泥浆料的长度，cm；

ρ_p——新鲜水泥浆料的密度，g/cm³；

M——水泥涂覆在塑料棒表面导致的增重，g。

图 2.15 IPT 试验过程

ACT 考虑的是浆料在骨料表面的成膜能力。它是浆料性能、骨料表面情况和水分条件综合作用的结果。详细操作过程为：将 100g 骨料与足够量的新鲜浆料充分混合后，铺散在孔径为 1.18mm 的筛子上静置 3min 以去除多余浆料，称量骨料的增重并记录，如图 2.16 所示。100g 骨料的质量占比为 10% Size A、70% Size B 和 20% Size C，该级配符合 ASTMC33 的 89 号级配要求。根据 ACT 的定义推导出其计算公式为

图 2.16　ACT 试验过程

$$ACT = \frac{pasteVol}{AggSurface} = \frac{m/\rho_p}{S_A \times 100} \qquad (2.14)$$

式中　m——骨料的增重，g；

　　　ρ_p——浆料的密度，根据外加剂剂量的不同变化，g/cm^3；

　　　S_A——100g 骨料的单位比表面积，由式（2.13）、式（2.14）计算得出，cm^2/g。

2. TVC

这部分试验的关键是测量基于单纯质心设计确定的 24 种级配的空隙含量。

由于砂被添加到部分试验骨料中，因此仅用碎石或砂的测量空隙含量的试验方法来测量表观密度和堆积密度是不合适的。本书采取的方法为：

（1）将骨料放入温度为（105±5）℃的烘箱中烘干至恒重，并在干燥器中冷却至室温。

（2）称取干燥后的骨料 100g，缓慢倒入干燥后的刻度量筒中，轻轻摇动量筒至骨料表面保持不变，记录体积 V_1（cm^3）。

（3）在另一个干燥量筒倒入适量水，记录体积 V_2（cm^3）。

（4）将（2）中的骨料缓慢倒入（3）的量筒中，轻轻摇动量筒以去除气泡，放置 2min 后，记录体积 V_3（cm^3）。

这样的话，级配的堆积密度为

$$Bulk\ Density = \frac{100}{V_1} \qquad (2.15)$$

表观密度为

$$\text{Apparent Density} = \frac{100}{V_3 - V_2} \tag{2.16}$$

根据 TVC 的物理含义，其计算公式可以表示为

$$\text{TVC} = \left(1 - \frac{\text{Bulk Density}}{\text{Apparent Density}}\right) \times 100\% \tag{2.17}$$

2.5.3　结果分析

2.5.3.1　试验结果

表 2.16 列出了 IPT 和 ACT 的试验结果。从表 2.16 中可以看出，在不同掺和料剂量的组合下，浆料密度变化明显。SP 和 RE 的添加量越多，密度越小，但 VMA 与密度成正比，这与它们的化学性质是一致的。出乎意料的是，IPT 的大值集中出现在浆料密度较低时。但 IPT 最大值不出现在最低密度，并且 IPT 最小时，密度不是最大。这表明浆料在光滑表面的成膜厚度与其流动性无线性关系。

当浆料稠度较高时，ACT 的值都较大，这表明浆料的流动能力对 ACT 有影响，浆料的稠度越大，其在骨料表面的涂层越厚。但是最大的 ACT 没有出现在最大密度，造成这种现象的一个可能原因是重力的影响：当浆料-骨料混合物散开时，浓稠的浆料会在重力的作用下滴落。在 IPT 和 ACT 之间也没有明显的线性规律，这表明骨料的表面条件对浆料的成膜能力有很大的影响。

表 2.16　　　　　　　　　　IPT 和 ACT 的试验结果

试验编码	浆料密度/(g/cm³)	IPT/mm	ACT/mm
000	1.8137	0.078	0.105
000	1.8267	0.084	0.105
0＋－	1.9967	0.119	0.119
000	1.8183	0.082	0.112
＋＋0	1.9217	0.123	0.120
0＋＋	1.6917	0.134	0.099
＋0－	1.7333	0.075	0.108
－－0	1.8267	0.155	0.202
－0－	1.9733	0.096	0.143
0－＋	1.6867	0.135	0.111
－0＋	1.7983	0.116	0.139
－＋0	2.0100	0.114	0.168
＋－0	1.8000	0.103	0.116
＋0＋	1.7067	0.102	0.082
0－－	1.8767	0.106	0.118

不同级配骨料的空隙含量见表 2.17。对于不同尺寸的骨料，TVC 的范围很

大，从25%到60%不等。无砂骨料组合的 TVC 均在40%以上，这表明砂对 TVC 的降低有显著影响。对于单个骨料尺寸，当加砂时，TVC 可减少10%以上。石子与砂的尺寸差距越大，砂对 TVC 的影响越显著。例如，与 C 相比，CS 的 TVC 下降了10%，而 AS 比 A 低20%。这是由于沙子可以很好地填补骨料之间的间隙。多孔混凝土一般不含细骨料，其孔隙率为15%~35%，在制作时一般选用大尺寸骨料。然而，大尺寸骨料的组合在空隙含量上没有明显的变化，因此可以适当地添加细骨料来调整空隙。

表 2.17　　　　　　　　　　TVC 试 验 结 果

试验编码	堆积密度/(g/cm³)	表观密度/(g/cm³)	TVC/%
BS	1.5152	2.2727	33.33
ABCS*	1.6667	2.3256	28.33
B	1.0204	1.8182	43.88
C	1.1111	2.0833	46.67
ABCS	1.3889	2.2727	38.89
ACS	1.4085	2.3256	39.44
ABS	1.5625	2.3810	34.38
S	1.5385	2.2727	32.31
CS	1.3514	2.2727	40.54
S	1.5625	2.4390	35.94
AS	1.6667	2.2222	25.00
C	1.0870	2.1739	50.00
B	1.0870	2.3256	53.26
A	1.0526	2.2727	53.68
ABC	1.0870	2.1739	50.00
A	1.0204	2.2727	55.10
AB	1.1765	2.9412	60.00
BCS	1.4706	2.3810	38.24
ABC*S	1.2500	2.1277	41.25
AB*CS	1.2346	2.2727	45.68
AC	1.1905	2.0833	42.86
BC	1.0989	2.7778	60.44
AB	1.0870	2.2727	52.17
A*BCS	1.2987	2.3810	45.45

2.5.3.2　响应面分析

RSA 的目的是解决关于设计区域响应函数性质的某些一般性问题。响应面分析有 4 个标准步骤：①选择合适的模型；②确定响应面方程中的系数；③通过 lack-of-fit 检验来检验方程的正确性；④研究和优化实验区域的响应面（Silvija Mrakovčić et al.，2014）。这部分采用的方法是方差分析（analysis of variance，ANOVA）。

ANOVA 可以检验模型的充分性，并消除对模型没有显著影响的变量（Dodge et al.，2006），包括 lack-of-fit 检验（F 检验）、T 检验和 R^2 检验。不同类型模型的拟合结果见表 2.18。结果表明，适用于 IPT、ACT 和 TVC 的模型均为二次，包括线性项，交互项和变量二次项（TVC 属于二次混合模型，不包含二次项）。每个模型的方差分析见表 2.19 和表 2.20。

F 检验可以评估模型是否充分拟合数据。F 值越大表示模型误差越大，显然不显著的 F 值是好的。T 检验用来识别模型的非显著性项（non-significant，NS），NS 项最终不包含在模型内。置信率 α 通常称为 T 检验的显著性水平，它是统计中出现 I 型错误的概率，P 值是 α 的可选范围内的最小值，研究限制每个参数的系数不影响响应模型的概率在 5% 以内（即 P 值为 0.05），大于 0.05 的参数视为不显著项。在多元线性回归模型中，R^2 是样本点到均值线的差平方和与预测结果与样本均值差的平方和的商，计算值为 0～1。R^2 的值越大，表示模型可以解释的响应数据就越多，这意味着回归方程与试验数据的拟合度越好。R^2 的值会随着变量的增加而增大，即使增加的自变量在统计学上并不显著，因此为了避免高估 R^2，在统计中使用了调整后的 R^2 值（$Adj-R^2$）。调整后的 R^2 值同时考虑了样本量与回归中自变量的个数的影响，这使得调整后的 R^2 总是小于 R^2，并且随着自变量数量的增加，调整后的 R^2 的值将不会接近 1。如果 R^2 与调整后的 R^2 相差很大，则模型中存在非显著的参数；相反，如果 R^2 与调整后的 R^2 相差不大，表示响应模型是有效的，可以用于分析和预测。

表 2.18　　　　　　　　　IPT、ACT 和 TVC 的模型适配性分析

	Source	Sequential $P-value$	Lack-of-fit $P-value$	R^2	$Adj-R^2$	Estimate
IPT	Linear	0.3684	0.0146	0.2405	0.0333	
	2FI	0.6556	0.0118	0.3725	−0.0982	
	Quadratic	0.0005	0.1659	0.9782	0.9389	suggested
ACT	Linear	0.0233	0.0269	0.5639	0.4449	
	2FI	0.8344	0.0199	0.6061	0.3107	
	Quadratic	0.0018	0.1591	0.9759	0.9325	suggested
TVC	Linear	0.0004	0.1186	0.5865	0.5245	
	Quadratic	0.0007	0.7041	0.9059	0.8454	suggested
	Special Cubic	0.2119	0.8855	0.9449	0.8732	

表 2.19 IPT 和 ACT 的方差分析（ANOVA）结果

Term	IPT		ACT	
	$R^2 = 0.9782$		$R^2 = 0.9759$	
	$\text{Adj} - R^2 = 0.9389$		$\text{Adj} - R^2 = 0.9325$	
	Lack – of – fit（Prob＞F）＝0.1659		Lack – of – fit（Prob＞F）＝0.1591	
	P – value	Estimate	P – value	Estimate
SP	0.0048	−0.010	0.0001	−0.028
VMA	NS	−0.001	NS	−0.005
RE	0.0025	0.011	0.0480	−0.007
SP×VMA	0.0031	0.015	NS	0.010
SP×RE	NS	0.002	NS	−0.006
VMA×RE	NS	−0.004	NS	−0.003
SP×SP	0.0421	0.008	0.0015	0.025
VMA×VMA	＜0.0001	0.034	0.0053	0.019
RE×RE	0.0466	0.008	0.0154	−0.015

NS：non – significant（P – value＞0.05）

表 2.20 TVC 的方差分析（ANOVA）结果

Model	$R^2 = 0.9059$ Adj – R^2 ＝0.8454 Lack – of – fit（Prob＞F）＝0.7041									
Term	A	B	C	S	A×B	A×C	A×S	B×C	B×S	C×S
P – value	＜0.0001	＜0.0001	＜0.0001	＜0.0001	NS	0.0439	0.0002	0.0479	0.0076	NS
Estimate	54.75	49.12	48.11	33.96	14.08	−31.72	−70.38	31.06	−44.60	−6.15

1. IPT

IPT 模型的 F 检验的 P 值为 0.1659（相应的 F 值为 5.19），这意味着模型是可靠的，没有存在太大错误，见表 2.19。R^2 检验的 R^2 值 0.9782 接近调整后的 R^2 值 0.9389，这表明模型与实验数据吻合较好。P 值小于 0.0500 时表示该模型项显著，对模型的响应值影响较大，PT 模型的显著项为 SP、RE、SP×VMA、SP×SP、VMA×VMA、RE×RE。只包含显著项的 IPT 二阶响应面模型表示为（外加剂剂量用编码水平赋值）：

$$\text{IPT} = 0.081 - 0.10 \times \text{SP} + 0.011 \times \text{RE} + 0.015 \times \text{SP} \times \text{VMA}$$
$$+ 0.008 \times \text{SP}^2 + 0.034 \times \text{VMA}^2 + 0.008 \times \text{RE}^2 \tag{2.18}$$

除 SP、VMA、VMA×RE 外，其他外加剂组合的变量对 IPT 的厚度均有正面影响。从三种外加剂的一阶线性项来看，SP 和 RE 的影响效果是差不多的，VMA 的线性项影响不明显，因此不在 IPT 模型中显示。VMA 的一阶项对 IPT 的影响是负的，但其二阶形式 VMA^2 表现出积极的影响，而且对 IPT 变化的贡献最大（系数的绝对值最大）。SP 与 VMA 的交互项对 IPT 有显著影响。此外，SP^2 和 RE^2 与模型显著相关，但作用不突出。图 2.17 给出了 IPT 模型的平面图和三维曲面图。

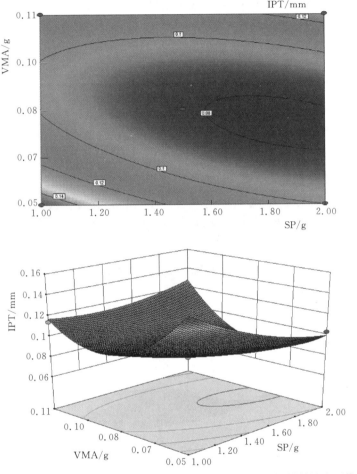

图 2.17　IPT 响应面模型图示（RE 固体量为 0.50g，图中外加剂剂量为固体含量）

2. ACT

ACT 响应模型的 ANOVA 分析见表 2.19。F 检验的 P 值为 0.1591（相应的 F 值为 24.90），表明该模型有效。R^2 的值为 0.97，接近调整后的 R^2（0.93），并且这两个 R^2 均接近 1，这表明模型具有较高的预测精度。对 ACT 有显著影响的因素有 SP、RE、SP×SP、VMA×VMA 和 RE×RE。ACT 的模型以编码水平生成的方程为

$$\text{ACT} = 0.11 - 0.028 \times \text{SP} - 0.007 \times \text{RE} + 0.025 \times \text{SP}^2$$
$$+ 0.019 \times \text{VMA}^2 - 0.015 \times \text{RE}^2 \qquad (2.19)$$

与 IPT 方程（2.17）相比，SP 在 ACT 的形成中起着更重要的作用，它成为影响最大的因素。RE 对 IPT 有正面影响，而对 ACT 有负面影响，RE 的添加量越大，

形成的 ACT 越薄。VMA 的一阶线性项影响仍不显著。只有三个因素对 ACT 有积极影响：SP×VMA、SP×SP 和 VMA×VMA。SP 的一阶项对 IPT 和 ACT 虽然都呈现出负面影响，但 SP 的二阶项对 ACT 表现出最强的正面影响。任何两种外加剂之间的相互作用项都不显著。此外，VMA×VMA 和 RE×RE 对 ACT 有很大的影响，但 RE×RE 对 IPT 和 ACT 的影响是相反的。ACT 的模型图如图 2.18 所示。

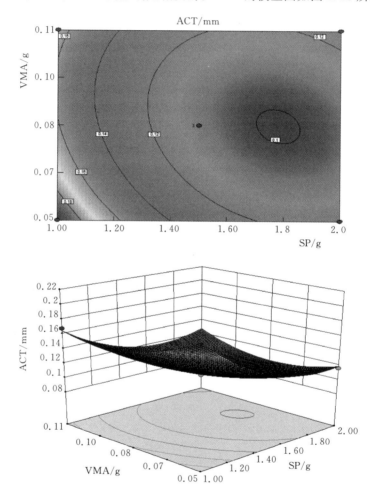

图 2.18　ACT 响应面模型图示（RE 固体量为 0.50g，图中外加剂剂量为固体含量）

3. TVC

根据表 2.18，软件建立的 TVC 模型是二次混合模型，并通过对表 2.20 中的方差进行分析，证明了该模型的适用性。除了 A×B 和 C×S 之外，所有的线性项和二次项都是重要的因素。方程（2.19）给出了一个包含所有重要因素的 TVC 模型。对空隙含量最大的负面影响是 A 和 S 之间的相互作用项。每增加一个单位，TVC 减少 70.38。此外，A×C 和 B×S 的增加也减少了空隙含量。相邻尺寸的相互作用，如 A×B 和 C×S，对空洞的影响很小，这可能是由于二次骨料的粒径大于上层骨料之间的空隙，因此间隙无法填补。加砂后，其他骨料尺寸之间的间隔会变小，导致空隙含量明显减少。图 2.19 显示了 TVC 的响应面。

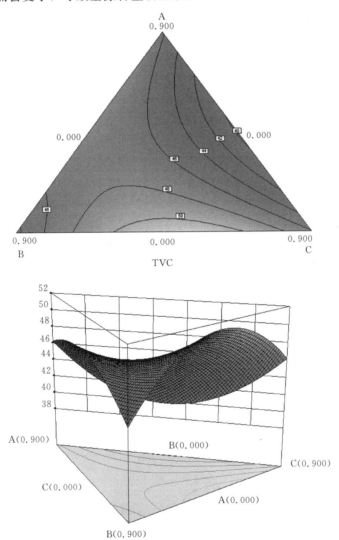

图 2.19　TVC 响应面模型（砂的含量固定为 10%）

$$TVC = 54.75 \times A + 49.12 \times B + 48.11 \times C + 33.96 \times S - 31.72 \times A \times C$$
$$- 70.38 \times A \times S + 31.06 \times B \times C - 44.60 \times B \times S \qquad (2.20)$$

其中，A、B、C、S 分别代表在级配中的四种骨料尺寸的比例。

2.5.4　模型优化

2.5.4.1　优化方法

模型优化是指为响应值设置目标，并对变量加以限制（给出可接受的变化范围或特定值），从而模型能够给出解答。

在确定混凝土配合比设计中的骨料级配后，可以用 TVC 响应模型计算相应的空隙率。但合适的骨料级配并非都满足空隙要求，对于给定的空隙含量，要精确骨料级配中各尺寸的比例，这是本研究要解决的问题。这需要对 TVC 模型进行优化。正如前文所述，浆料的性能会影响骨料表面的涂层厚度，进而影响多孔混凝土的强度和孔隙率，因此，对于 IPT 和 ACT 模型应进行多目标优化。

这里给出优化模型的案例，以便在再生骨料透水混凝土配合比设计找到相应的外加剂剂量组合和骨料级配。例如，在实际应用中，多孔混凝土的典型配合比为：孔隙率为 15％～35％，浆料体积为 10％～30％，骨料体积为 45％～65％。

通过设计一个 35％目标孔隙率、15％目标浆料含量和 50％骨料含量的可行多孔混凝土。在这种情况下，骨料的目标空隙含量为 50％。对 TVC 模型进行优化，将响应值设置为 50％，砂含量设置为 5％（尺寸 S）。砂在调整骨料空隙率方面起着重要作用。为满足 ASTM8 号骨料级配要求，尺寸 A 范围设置为 0～0.15，尺寸 C 范围限制在 0.05～0.25。这样的话，模型给出的解如图 2.20 所示（X1＝A、X2＝B、X3＝C）。最佳级配为 15％尺寸 A、71.3％尺寸 B、8.7％尺寸 C 和 5％尺寸 S。

将浆料的流动性设定为试验结果的中间值，即 IPT 为 0.115mm，浆料密度为 1.8g/cm³。通过将浆料体积除以骨料级配比表面积计算得到的目标 ACT 为 0.165mm。多目标优化后的模型如图 2.20 所示（X1＝SP，X2＝VMA）。可以看出，最佳外加剂组合为 1.07g SP、0.06gVMA 和 0.46gRE（外加剂的形式为有效固体，水泥为 1000g，水灰比为 0.32）。

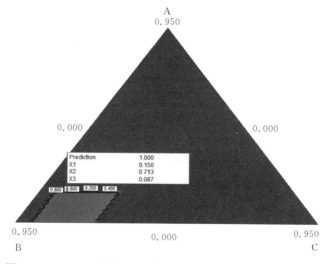

图 2.20 （一）　目标值为 50％，砂含量为 5％的 TVC 优化模型

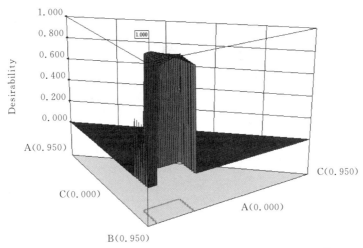

图 2.20（二） 目标值为 50%，砂含量为 5%的 TVC 优化模型

2.5.4.2 试验验证

根据最优模型给出的解决方案，设计孔隙率为 35%、15%浆料和 50%骨料含量的再生骨料透水混凝土，要求的骨料级配为 15%尺寸 A、71.3%尺寸 B、8.7%尺寸 C 和 5%尺寸 S，如图 2.20 所示。外加剂的剂量组合为 1.07gSP、0.06gVMA 和 0.46gRE，如图 2.21 所示（外加剂形式为有效固体，水泥为 1000g，水灰比 0.32）。以下为试验证明：

计算制作每立方米再生骨料透水混凝土所需的材料。在混合和压实后，浇筑尺寸为 150mm × 150mm × 150 mm 的标准混凝土试块，如图 2.22 所示。并测量其强度和孔隙率。结果表明，硬化后的混凝土试样的平均孔隙率为 33%，与预期相差不大。28 天抗压强度为 15MPa，满足透水混凝土的一般应用要求。

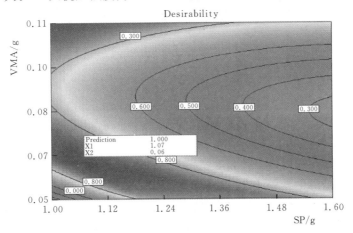

图 2.21 （一） 多目标优化模型

（IPT 目标值为 0.115mm，ACT 目标值为 0.165mm，RE 设置为 0.46g）

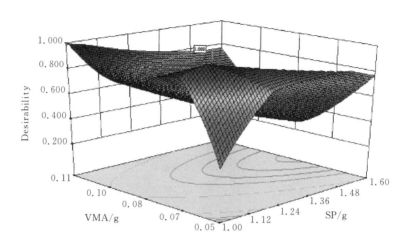

图 2.21（二）　多目标优化模型

（IPT 目标值为 0.115mm，ACT 目标值为 0.165mm，RE 设置为 0.46g）

图 2.22　优化模型验证试验

2.6　本　章　小　结

本章探讨了不同的再生骨料取代率对透水混凝土力学特性的影响，提出了一种高孔隙率的全再生骨料透水混凝土配合比，并利用响应面设计对再生骨料透水混凝土的配合比进行优化，主要得到如下结论：

（1）由于再生骨料的高吸水性，在制备再生骨料透水混凝土时建议采用附加水法进行配合比设计，以避免再生骨料吸收大量水分而导致水泥水化不完全，进一步导致透水混凝土强度降低,更加严重的会导致混凝土无法成型。

(2)再生骨料透水混凝土的孔隙率会随着再生骨料取代率的增加而上升,其抗压强度、劈拉强度和弯拉强度则会随之下降。同时再生骨料透水混凝土的抗压强度会随着孔隙率的增加而降低。再生骨料透水混凝土的抗压强度与劈拉强度、弯拉强度之间存在明显的指数关系,劈拉强度以及弯拉强度都会随着抗压强度的下降而呈现下降的趋势。

(3)当全部使用再生骨料作为骨料时,通过调整外加剂,得到了一种孔隙率达到25%,抗压强度大于10MPa的再生骨料透水混凝土配比。

(4)RSM可用于再生骨料透水混凝土配合比的设计。基于APT的响应面分析,表明线性项SP对APT的影响最大。并且能够针对目标响应值,优化IPT和APT模型,找到合适的外加剂掺量组合。

(5)影响再生骨料多孔混凝土强度和孔隙率的因素主要有浆料性能,涂层厚度和空隙率,引入理想浆料厚度IPT、实际涂层厚度ACT和空隙含量TVC三个概念,通过响应面法对这三个因素进行量化和优化,获得了特定孔隙率下不损伤强度的骨料级配和外加剂掺量组合的方法。

第3章 再生骨料透水混凝土的基本力学特性及数值模拟

3.1 引　言

在对透水混凝土力学性能进行评价时，一般会考虑其抗压强度、抗弯强度、弹性模量、动态力学特性、疲劳力学特性以及断裂力学特性等指标。现有研究表明再生骨料的掺入对透水混凝土的各项强度指标的影响是不稳定的，而目前国内外对于生态透水混凝土力学性能的综合研究不多。本章通过对不同再生骨料掺量下透水混凝土试件进行抗压强度、抗拉强度和抗弯强度试验，来评价再生骨料透水混凝土基本力学性能，并通过 PFC5.0 软件模拟各种工况下混凝土内部裂隙的发育情况，探究再生骨料及掺量对透水混凝土力学性能的影响，为试验提供理论支撑。

3.2 试 验 方 案

3.2.1 试件制备

3.2.1.1 原材料

（1）拌合水：自来水。

（2）水泥：采用 32.5 级普通硅酸盐水泥，密度为 $3.11g/cm^3$，浇筑 28 天后的抗压强度为 32.5MPa。

（3）外加剂：聚羧酸减水剂。

（4）天然骨料（natural aggregate，NA）：粒径范围为 0~15mm，如图 3.1（a）所示。

（5）再生骨料（recycled aggregate，RA）：粒径范围为 10~15mm，再生粗骨料为强度 C30 的废弃混凝土试块经破碎、过筛得到，如图 3.1（b）所示。

试验所用的天然骨料和再生骨料的主要的物理性能见表 3.1。

表 3.1　　　　　试验所用骨料基本性能

	密度/（kg/m³）	吸水率/%	压碎指标/%
天然骨料	2652	1.32	4.00
再生骨料	2633	3.25	13.42

　　（a）0～15mm 天然骨料　　　　　　　（b）10～15mm 再生骨料

图 3.1　骨料

3.2.1.2　配合比

　　水灰比对透水混凝土的强度以及透水性能都有很大的影响，本试验确定的再生骨料透水混凝土水灰比为 0.258。此外，通过掺入等体积的再生骨料替代天然骨料的方法来保证总体积的恒定。研究中共浇筑了五种不同掺量的透水混凝土试件，其中再生骨料分别占骨料总体积的 0％、25％、50％、75％和 100％，记为 NAC、RAC25、RAC50、RAC75 和 RAC100。每种试件所用材料及用量详见表 3.2。

表 3.2　　　　　　　　　　试验所用材料的配合比　　　　　　　　　　单位：kg/m³

混凝土编号	材　料　用　量				减水剂
	水泥	水	天然骨料	再生骨料	
NAC	400	103	1425	0	1.485
RAC25	400	103	1068.75	356.25	1.485
RAC50	400	103	712.5	712.5	1.700
RAC75	400	103	356.25	1068.75	1.800
RAC100	400	103	0	1425	2.100

3.2.1.3　制备工艺

　　为避免由于振动过大而导致水泥浆体下沉封底，堵塞孔隙，从而影响透水性能，本试验对混凝土试件采用人工插捣与机器振动相结合的成型方法，分三次将新拌混凝土装入试件模具中，并对每一层进行捣实。然后将模具放置于振动台上，振动两次，第一次振动持续时间为 10s，第二次振动持续时间为 5s，最后抹平模具上表面。经 24h 养护后拆模，再将试件放入水中养护 28 天。

3.2.2　测试方法

　　对不同再生骨料掺量的生态透水混凝土进行力学特性测试试验方法如下：

　　（1）再生骨料透水混凝土的抗压强度是在 SANS 试验机进行测试所获得的。进行单轴压缩试验的是 150mm×150mm×150mm 的立方体试件，如图 3.2（a）

所示。

（2）使用 SNT4605 微机控制电液伺服万能试验机进行劈拉强度试验，在 150mm×150mm×150mm 的立方体试件和压力机之间放置一根铁棒，以此来得到劈拉强度，如图 3.2（b）所示。

（3）使用 SNT4605 微机控制电液伺服万能试验机来测试混凝土试件的三点弯拉强度和四点弯拉强度，试件尺寸为 100mm×100mm×400mm，如图 3.2（c）所示。

（4）在 MTS 试验机上进行直接拉伸试验，由于直接拉伸混凝土试件有困难，所以在 100mm×100mm×200mm 的长方体试件的上下两端用特殊的胶液粘两块钢板，如图 3.2（d）所示。

以上试验（1）、（2）、（3）、（4）都是通过位移控制试验机的运行，其速率为 0.1mm/min。

（a）单轴压缩试验　　　（b）劈拉试验　　　（c）弯拉试验　　　（d）拉伸试验

图 3.2　测试方法

3.3　基本力学特性

按照以上测试方法，对不同再生骨料掺量的透水混凝土试块进行各项力学试验，得到其不同掺量混凝土试块的力学性能，见表 3.3。

表 3.3　　　　　　　　　再生骨料透水混凝土力学性能测试结果　　　　　　单位：MPa

试件编号	抗压强度	劈拉强度	三点弯拉强度	四点弯拉强度	拉伸强度
NAC	44.996	2.382	2.543	3.318	2.301
RAC25	32.723	2.062	1.865	2.704	2.250
RAC50	29.861	1.936	1.771	2.508	2.131
RAC75	21.365	1.775	1.736	2.059	1.400
RAC100	15.324	1.373	1.324	1.681	1.201

3.3.1 单轴压缩强度

图 3.3 为不同再生骨料掺量对透水混凝土抗压强度的整体影响趋势。由图 3.3 可知，随着再生骨料掺量的增加，透水混凝土的抗压强度降低。当没有再生骨料掺入时，试件的抗压强度为 44.996MPa，随着掺量逐渐增加至 25％，抗压强度快速下降至 32.723MPa。当掺量超过 25％，未达到 50％前，抗压强度的下降速率降低。在掺量超过 50％时，抗压强度下降速率增加。这主要

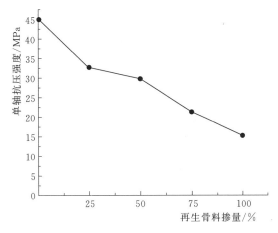

图 3.3 再生骨料掺量对透水混凝土抗压强度的影响

是因为再生骨料和砂浆之间的胶结作用弱，而且这种弱化区常常会造成破坏。此外，由于再生骨料是通过破碎混凝土分离而来，其承受过强烈的撞击，所以骨料表面甚至内部存在微裂纹，导致掺入再生骨料的混凝土的强度不高，如图 3.4 所示。

图 3.4 单轴压缩下透水混凝土试件破坏形态

再生骨料的吸水性比天然骨料强，随着再生骨料含量的增加，大量的水将被再生骨料吸收。剩下的水分含量达不到水泥完全反应的要求（YOUNIS et al.，2013），因而再生骨料接触面上不能形成均匀的砂浆层，间接导致混凝土抗压强度的降低。因此，当再生骨料掺量继续提高时，透水混凝土抗压强度的降低趋势会呈现得更加明显。透水混凝土正常的抗压强度范围为 5～20MPa（Xiao et al.，2004），本研究试验结果表明，掺入再生骨料的透水混凝土，虽然抗压强度降低，但是仍属于正常抗压强度的范围，故在生态护坡的工程中可以正常应用再生骨料透水混凝土。

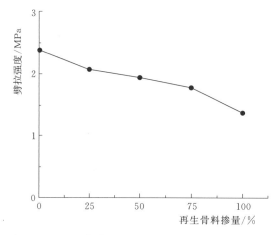

图 3.5　再生骨料掺量对透水混凝土劈拉强度的影响

3.3.2　劈拉强度

由图 3.5 可以发现，随着再生骨料掺量的增加，混凝土试件劈拉强度表现出明显的下降趋势。当再生骨料完全替代天然骨料时，透水混凝土的劈拉强度从 2.382MPa 下降到 1.373MPa，劈拉强度损失达 42％。这主要是由于随着再生骨料掺量的提高，透水混凝土的孔隙率不断增加，再生骨料与水泥浆的胶结能力很弱，最终导致劈拉强度呈明显的下降趋势。当一部分天然骨料被再生骨料所替代时，劈拉试验下试件的破坏面会截断再生骨料，如图 3.6 所示。

图 3.6　劈拉试验下透水混凝土试件破坏形态

3.3.3　弯拉强度

通过对图 3.7 的试验结果进行观察我们可以发现，随着再生骨料掺量的提高，透水混凝土的三点弯拉强度以及四点弯拉强度都呈现明显的下降趋势。当粗骨料全部为天然骨料时，三点弯拉强度和四点弯拉强度分别可以达到 2.543MPa 和 3.318MPa，随着再生骨料掺量的提高，当天然骨料完全被再生骨料所替代时，三点弯拉强度和四点弯拉强度分别下降至 1.23MPa 和 1.10MPa，强度损失分别达到 63.2％ 和 62.7％。可见再生骨料掺量对透水混凝土的弯拉强度的影响表现为负相关。与劈拉试验的破坏形态类似，当一部分天然骨料被再生骨料替代时，透水混凝土会表现出明显的易脆性，弯拉试验下试件的破坏形态如图 3.8 所示。

3.3.4 单轴拉伸强度

使用 MTS 试验机对不同再生骨料掺量的透水混凝土试件进行单轴拉伸试验。通过对试验数据进行分析可得，当再生骨料的掺量提高时，抗拉强度峰值应力降低。当再生骨料掺量小于 50％时，强度损失较小（图 3.9）。试验结果表明，再生骨料的掺入使得透水混凝土的抗拉强度呈明显

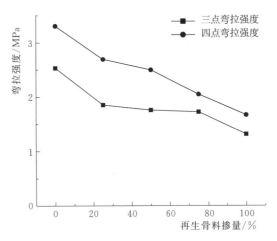

图 3.7　再生骨料掺量对透水混凝土弯拉强度的影响

的下降趋势，再生骨料掺量越大，抗拉强度下降越快，混凝土的弹性模量也表现出下降趋势。由此可见，当天然骨料被再生骨料替代时，会导致混凝土的力学性能降低，包括抗拉强度、弹性模量等。

（a）NAC 弯拉加载　　　　　　　　（b）RAC100 弯拉加载

（c）NAC 弯拉破坏模式　　　　　　（d）RAC100 弯拉破坏模式

图 3.8　不同弯拉试验下试件的破坏形态

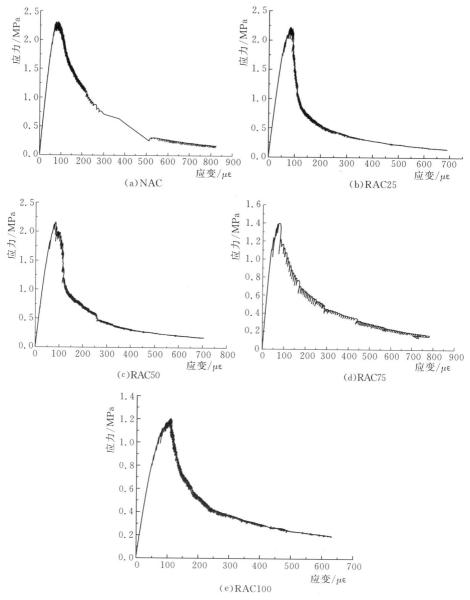

图 3.9 不同掺量的混凝土的应力-应变曲线

3.4 PFC 数值模拟

为了更加直观地分析再生骨料对透水混凝土力学性能的影响，为试验提供理论支撑，利用 PFC5.0 离散元软件模拟各种工况下透水混凝土的断裂情况，通过对透水混凝土断裂时内部裂隙发育情况的观测和分析，进一步探究再生骨料对透水混凝土力学性能的影响。

3.4.1 模型参数设置

在离散元理论中，所有结构及物体都是由颗粒组成的，颗粒之间的相互作用决定了结构的宏观力学特性。对于透水混凝土而言，其抗压强度、抗拉强度、弯拉强度及劈拉强度等宏观力学特性均是由颗粒之间的相互作用决定的。但是颗粒之间的细观参数无法通过宏观力学试验获得，因此研究通过对上述试验的应力-应变曲线和各强度的最佳拟合，得到了 PFC 软件计算模型各参数的标定结果。从某种意义上讲，应力-应变的最佳拟合曲线是通过一种探索式技术得到的，这种技术是基于对试验结果与数值结果一致性的直观评价（Soberón G et al.，2001）。数值计算模型中各细观力学参数见表 3.4。

表 3.4　　　　　　　　　PFC 软件混凝土细观参数

颗 粒 细 观 参 数			平 行 黏 结 模 型	
参数	普通骨料	再生骨料	参数	数值
半径/mm	0～15	10～15	有效弹模 E_0/Pa	9.38×10^9
密度/(kg/m³)	2550	2240	抗拉强度/Pa	4.35×10^6
法向刚度 kn/(N/m³)	4.0×10^{10}	3.5×10^{10}	内聚力/Pa	7×10^6
kn/ks	1	1	黏结半径/mm	0.5

确定模型各细观参数后，进行数值模拟，对数值模拟结果进行分析，并与试验结果进行比较。

3.4.2 模拟结果与分析

3.4.2.1 抗压强度

根据上述透水混凝土抗压试验，为与试验保持一致，PFC 离散元模型尺寸为 150mm×150mm×150mm，再生骨料掺量分别为 0%、25%、50%、75% 及 100%，来模拟不同掺量下混凝土的抗压破坏情况。其中模型上下各有一个加载板，加载用位移控制，上加载板的速度为 1.67×10^{-6} m/s（0.1 mm/min），与试验加载速率保持一致。PFC5.0 抗压计算模型如图 3.10 所示。

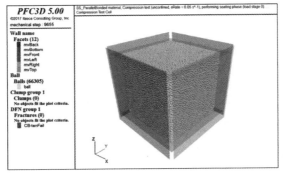

图 3.10　PFC5.0 抗压计算模型

分别对 5 种不同掺量的再生骨料透水混凝土进行抗压计算分析，各种掺量的混凝土单轴压缩断裂时的内部裂隙发育情况如图 3.11 所示。

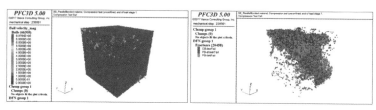

(a) NAC

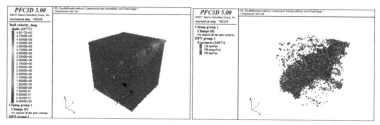

(b) RAC25

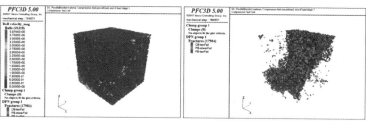

(c) RAC50

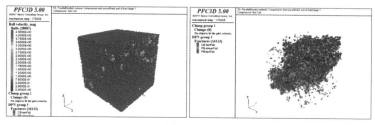

(d) RAC75

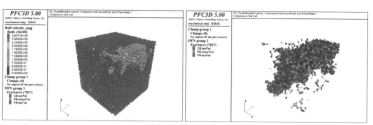

(e) RAC100

图 3.11　不同掺量的混凝土单轴压缩断裂时的内部裂隙发育情况

由图 3.11 裂隙发育情况可知，当骨料全部为普通骨料时，混凝土试块内部生成的裂隙主要是由拉伸破坏引起的，剪切破坏的作用较弱。随着再生骨料掺量的增加，剪切破坏的作用加强。这主要是因为普通骨料与水泥浆的黏结作用较强，剪切作用不易破坏其黏结键，最终达到拉伸强度极限后，发生拉伸破坏。再生骨料与水泥浆的黏结作用较弱，易发生相对滑移而产生剪切破坏。随着再生骨料掺量的增加，混凝土内部裂隙也逐渐增多，抗压强度逐渐降低。这主要是由于再生骨料透水混凝土的孔隙率很大，很容易在孔壁上产生应力集中现象，并导致材料过早损坏。连续的断裂表面会在连续加载的情况下出现，从而导致透水混凝土的最终破坏。

由于掺有再生骨料的混凝土孔隙率较大，极易使孔壁出现应力集而导致材料过早损伤，继续加载会形成连续的断裂面，导致透水混凝土最终破坏。透水混凝土再生骨料掺量与抗压强度关系如图 3.12 所示，随着再生骨料掺量的增加，透水混凝土的抗压强度和弹性模量都出现相应地降低，模拟结果和试验研究结论较为一致。

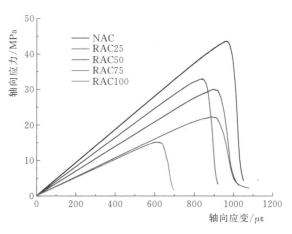

图 3.12　抗压试验下透水混凝土应力-应变曲线

3.4.2.2　劈拉强度

图 3.13（a）显示了通过数值模拟得到的再生骨料掺量和劈拉强度的关系，可知模型中试件的劈拉强度随着再生骨料掺量的增加呈下降趋势，强度值范围为1.123～2.393MPa。图 3.13（b）给出了不同再生骨料掺量下劈拉强度的数值模拟和试验结果的比较。结果表明，数值模拟和试验结果中试件的强度范围和下降

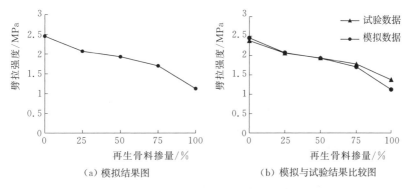

（a）模拟结果图　　　　　　　　（b）模拟与试验结果比较图

图 3.13　再生骨料掺量与劈拉强度模拟图与比较图

趋势基本吻合。这种吻合表明，劈拉模型获得的细观裂缝再现了透水混凝土受再生骨料掺量影响下的破坏情况。

图 3.14 较为直观地给出了试件破坏形态与相应的数值模拟内部裂隙发育形态的比较。图 3.14（a）显示了从混凝土试块顶部观察到的破坏断裂形态，用 PFC5.0 模拟的混凝土试块劈拉破坏后在顶部形成了典型的破坏断裂面，这与试验试块的断裂面相似，如图 3.14（b）所示。在试验中，裂纹首先在加载区域和试件表面的接触区域产生，然后随着加载力的增大逐渐向试块内部发展，如图 3.14（c）所示，同样数值模拟结果也表现出相似的规律，如图 3.14（d）所示。

（a）NAC 破坏形态

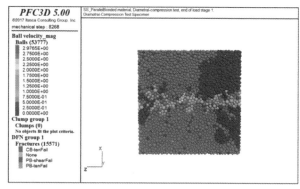

（b）NAC 数据模拟断裂

（c）NAC 破坏面

（d）NAC 数据模拟断裂面

图 3.14　NAC 试件破坏形态与相应的数值模拟内部裂隙发育形态

图 3.15（a）显示了 75% 的再生骨料掺量下透水混凝土顶部裂隙的发育情况，与掺量为 0% 的混凝土顶部裂缝相比，其裂缝断裂面更光滑，这意味着在裂缝的左右两端的应力传递中，桥接作用更弱。图 3.15（b）表明数值模拟的细观裂隙发育模型和试验结果具有相似的裂隙发育趋势。由图 3.15（c）和图 3.15（d）可知，掺有再生骨料的混凝土比普通骨料混凝土生成的裂隙更多更密，这主要是因为再生骨料与水泥浆的黏结作用更弱，更易发生界面破坏，产生大量裂隙。

（a）RAC75 破坏形态

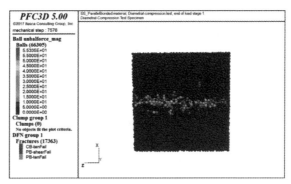
（b）RAC75 数据模拟

（c）RAC75 破坏面

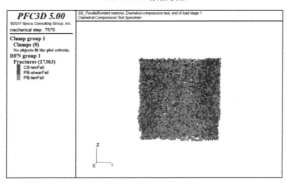
（d）RAC75 数据模拟

图 3.15　RAC75 试件破坏形态与相应的数值模拟内部裂隙发育形态

3.4.2.3　弯拉强度

为使透水混凝土弯拉模型和试验试件保持一致，确定模型尺寸为 $100\text{mm} \times 100\text{mm} \times 400\text{mm}$。本次模拟依旧采用位移加载的方式施加荷载，对上部垫片施加竖直向下的位移荷载，位移速率大小为 $1.67 \times 10^{-6}\text{m/s}$（0.1mm/min）。图 3.16 为混凝土弯拉试件离散元模型。其中图 3.16（a）为三点弯拉数值模型，图 3.16（b）为四点弯拉数值模型。

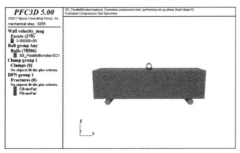
（a）三点弯拉模型　　　　　　　　　　（b）四点弯拉模型

图 3.16　混凝土弯拉试件离散元模型

数值模拟得到了再生骨料掺量和弯拉强度之间的关系,如图 3.17(a)所示。数值模型中试件的弯拉强度随着再生骨料的增加逐渐降低,其三点弯拉的强度范围为 1.17～3.43MPa,四点弯拉的强度范围为 1.00～3.05MPa。对比实验室试验和数值模拟结果,两者吻合度较好,如图 3.17(b)所示。对比结果表明,数值弯拉模型获得的细观裂缝再现了透水混凝土受再生骨料掺量影响下的破坏情况。

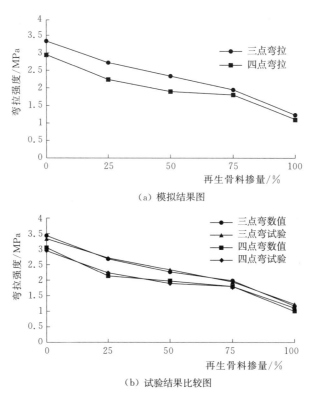

(a)模拟结果图

(b)试验结果比较图

图 3.17　再生骨料掺量和弯拉强度的模拟图与比较图

图 3.18 比较直观地给出了三点弯拉试验中试件破坏形态与相应的数值模拟内部裂隙发育形态的比较。由数值模拟内部裂隙发育情况可以得出,当小梁发生破坏时,有三处应力较大,分别是加载点和两个支座附近,并且梁中部裂隙的产生大多是由于拉伸破坏引起的,考虑到混凝土的抗拉强度很弱,所以由于张力引起的第一道裂缝会出现在底部。另外,由于透水混凝土小梁中存在孔隙,孔周围的应力分布不均匀。施加力时,会由于应力集中而产生微裂纹。由实验室试验和数值模拟可以看出,RAC75 比 NAC 的断裂面更光滑,这意味着在裂缝的左右两端的应力传递中,桥接作用被减弱了,并且由于再生骨料本身强度较低,与水泥浆的黏结作用较弱,使得具有较高再生骨料掺量的透水混凝土在底部中央提前发生断裂破坏,造成抗弯能力下降。

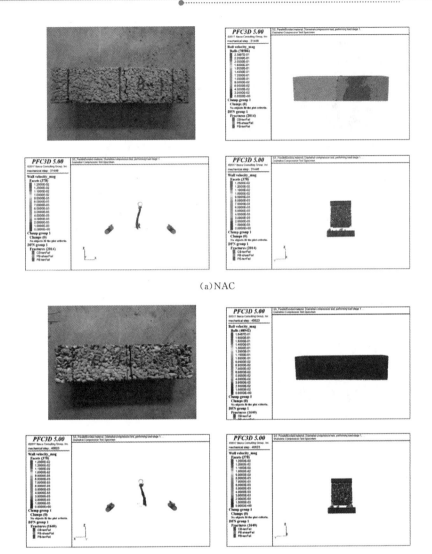

（a）NAC

（b）RAC75

图 3.18　NAC 与 RAC75 的三点弯拉试验和数值模拟断裂面发育情况

如图 3.19 所示，对不同掺量的混凝土试块在四点弯拉试验中的破坏形态与相应的数值模拟内部裂隙发育形态进行比较。实验室中，小梁的断裂破坏形态与数值模拟结果一致，均在中心区底部受到拉伸破坏，裂纹以一定角度形成斜裂缝，并且 RAC75 的斜向裂缝比 NAC 的小，这与三点弯拉试验结果类似。

3.4.2.4　单轴拉伸强度

单轴拉伸计算主要考虑再生骨料掺量对混凝土抗拉强度的影响，为与试验条件保持一致，直接拉伸试验数值模型尺寸为 100mm×100mm×200mm，其中单轴拉伸用位移控制，拉伸速率为 $2\mu\varepsilon/s$。PFC5.0 直接拉伸计算模型如图 3.20 所示。

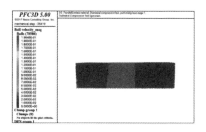

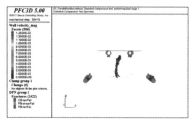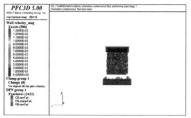

（a）NAC

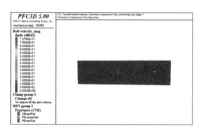

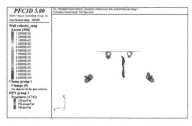

（b）RAC75

图 3.19　NAC 与 RAC75 的四点弯拉试验和数值模拟断裂面发育情况

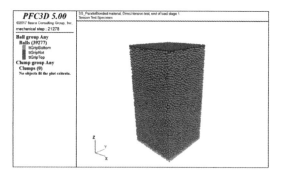

图 3.20　PFC5.0 抗拉计算模型

为了分析再生骨料掺量对透水混凝土抗拉强度的影响，对 5 种不同掺量的透水混凝土进行数值计算分析，各种掺量的混凝土抗拉破裂时的内部裂隙发育情况如图 3.21 所示。

（a）NAC

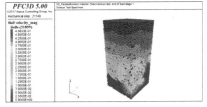 

（b）RAC25

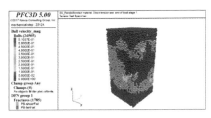 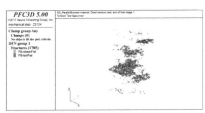

（c）RAC50

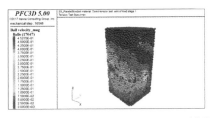 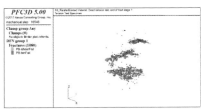

（d）RAC75

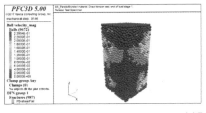 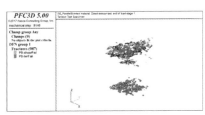

（e）RAC100

图 3.21　各种掺量的混凝土抗拉破裂时的内部裂隙发育情况

由裂隙发育情况可以看出，随着再生骨料掺量的增加，混凝土破坏时裂隙明显增多，并且断裂层数增加。这主要是因为再生骨料相对于普通骨料强度较低，并且与浆体的黏结性较弱，使掺有再生骨料的透水混凝土过早损伤，继续加载会形成连续的断裂面，导致混凝土强度降低。

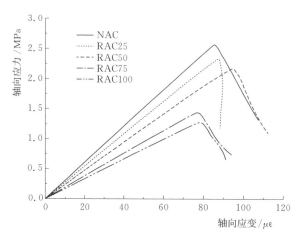

图 3.22　抗拉试验下透水混凝土应力-应变曲线

透水混凝土直接拉伸试验数值模拟应力-应变曲线如图 3.22 所示。由应力-应变曲线可知，随着再生骨料掺量的增加，不仅会使透水混凝土强度降低，还会导致弹性模量的降低，使透水混凝土不能承受太大的拉力而发生断裂。数值模拟与试验结果相吻合。

3.5　本　章　小　结

本章探讨了 5 种不同再生骨料掺量对透水混凝土力学性能以及透水性能的影响，主要得到如下结论：

（1）随着再生骨料掺量的增加，透水混凝土的抗压强度、弯拉强度以及单轴拉伸强度都呈现明显的下降趋势，主要是因为再生骨料与砂浆之间的胶结能力较弱，破坏往往由这个薄弱地带展开。此外，由于再生骨料在从废弃混凝土中分离出来的过程中承受过强烈撞击，所以表面甚至内部存在微裂纹，导致掺入再生骨料的透水混凝土的强度不高。再生骨料的吸水性比天然骨料强，混凝土中大量水分被再生骨料吸收，使混凝土的水灰比降低，从而导致水泥水化不完全，不能在骨料的接触面上形成均匀的砂浆层，间接引起混凝土强度的降低。

（2）运用数值模型，从细观角度解释了再生骨料透水混凝土各项力学性能降低的原因。通过 PFC3D 离散元模拟软件分析得出，掺有再生骨料透水混凝土的断裂面比普通骨料透水混凝土的断裂面光滑，这意味着在裂缝的左右两端的应力传递中，桥接作用被减弱了。通过对内部裂隙的发育情况分析，掺有再生骨料的混凝土比普通骨料混凝土生成的裂隙更多，这导致了再生骨料透水混凝土过早损伤而发生破坏。

第4章 再生骨料透水混凝土透水铺装的疲劳断裂特性

///

现有的研究大多集中于再生骨料的替代率对透水混凝土强度以及透水性等基本物理性能的影响。而当透水混凝土用于透水铺装时，疲劳荷载作用是主要的荷载作用。因此有必要对再生骨料透水混凝土的疲劳力学性能进行研究。本书基于试验数据得到了透水混凝土的应力-应变模型，并且在此基础上对两种骨料透水混凝土在往复加载下的疲劳寿命进行了预测。

4.1 试 验 方 案

4.1.1 原材料及配比

水泥采用海螺 PO42.5 水泥，粗骨料采用普通碎石，再生粗骨料为强度 C30 的废弃混凝土试块经破碎、过筛后得到，粒径范围为 10～15mm；普通骨料最大粒径为 15mm；外加剂为聚羧酸高效减水剂和 S95 级矿粉；水采用实验室自来水。试件的配合比见表 4.1。

表 4.1 　　　　　　　　　　　　透水混凝土的配合比

骨料类型	水泥	水	骨料	外加剂	W/C
普通骨料	368	110	1425	23.4	0.30
再生骨料	445	124	1530	23.4	0.28

4.1.2 加载方法

在本次研究中，试验内容主要分为准静态单调四点弯曲试验、准静态往复加卸载四点弯曲试验以及高应力四点弯曲疲劳试验三个部分。

(1) 选取普通透水混凝土和再生骨料透水混凝土试件各 3 个进行准静态单调四点弯曲断裂试验，加载控制方式为荷载控制，加载速率为 100N/s。

(2) 每种骨料透水混凝土各选取两个试件进行准静态往复加卸载四点弯曲断裂试验，峰前时每当应变增大 $50\mu\varepsilon$ 时进行一次加卸载，峰后试验时每当应变增加 $200\mu\varepsilon$ 时进行一次加卸载。

(3) 将上述准静态试验得到的一系列荷载最大值的平均值作为标准，分别取其值的 90%、85%、80% 以及 75% 进行高应力四点弯曲疲劳断裂试验。加载波形如图 4.1 所示。疲劳试验的加载频率保持为 1Hz，加载控制方式为荷载控制。为了确保在疲劳试验过程中加载头与试件之间时刻保持接触状态，本次试验将荷载最小值确定为 0.5kN。试验采用疲劳试验机，试件及试验装置如图 4.2 所示。

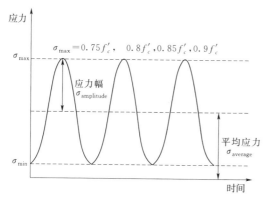

图 4.1　加载波形

图 4.2　四点弯加载试验装置（疲劳试验机）

4.2　试验结果与分析

4.2.1　静态弯拉强度

试验得到的两种不同骨料的试件的强度值见表 4.2，从表中可以看出，普通骨料的透水混凝土强度明显比再生骨料透水混凝土强度高。造成这种现象的原因主要有两方面：一方面是再生骨料经机械破碎后存在微裂纹，水泥表面黏附松动，孔隙度增加，骨料强度下降；另一方面，再生骨料的旧砂浆与新鲜水泥浆黏结面不牢固，界面十分薄弱。

表 4.2　　　　　　　　　　**透水混凝土静态弯拉强度值**　　　　　　单位：MPa

试件编号	普通骨料透水混凝土	再生骨料透水混凝土
1	4.01	3.26
2	4.23	3.08
3	4.21	3.35
平均值	4.15	3.23

4.2.2　破坏模式

两种不同骨料的试件在四点弯拉荷载下的破坏模式如图 4.3 所示。从图中可以看出，两种不同骨料的试件均从试样中间部位断开。再生骨料透水混凝土的骨料粒径较大，因此内部空隙和裂缝较多，且再生骨料表面可能存在的旧砂浆与新砂浆连接不紧密的现象，这也是其强度比普通透水混凝土低的原因。

　　(a)普通骨料　　　　　　　　　　　(b)再生骨料

图 4.3　两种不同骨料的试件在四点弯拉荷载下的破坏模式

4.2.3　滞回环特性

　　假设试样是理想的弹塑性体，那么动应力和动应变与时间的波形线在时间上是统一（Chen et al.，2017），简单来讲，就是在动应力作用的同时，产生了动应变。但因为材料具有裂缝、孔洞、颗粒接触面等内部特征，所以浇筑所得到的混凝土试件为非理想弹性体，这就导致了同一往复荷载周次的动应力和动应变曲线会形成滞回环，滞回环曲线如图 4.4 所示。

　　在循环加载和卸载试验中，当外载荷反向时，试样的塑性变形越大，弹性变形响应越大，应力-应变滞回环曲线越接近椭圆，否则为尖叶形状。图 4.5 展示了应力比为 0.8 时不同循环比下两种不同骨料混凝土的加卸载应力-应变滞回环，

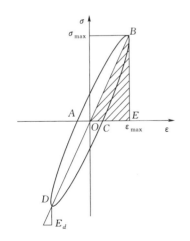

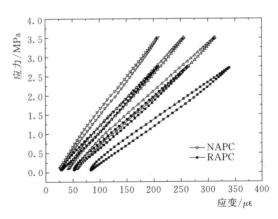

图 4.4　滞回环曲线　　　　图 4.5　应力比为 0.8 时不同循环比下的滞回环曲线

从图中可以看出两种不同骨料的透水混凝土在荷载反转时的曲线均类似于尖叶形，而不是椭圆状。而普通细骨料时滞回曲线在荷载反转时更尖细，说明在外部荷载反转的情况下，试件的弹性变形响应迅速，同时也表明如果外部荷载反转，那么试件的塑性变形就会变小。

加卸载过程中能量损失的大小会在滞回环的面积中体现出来，同时它也表明了试件在循环荷载作用下微裂缝张开和闭合的程度，面积越大，则能量耗散越多，由循环荷载引起的疲劳损伤越大。表4.3为不同应力比下的两种不同骨料透水混凝土在循环比为0.1、0.5、0.9下的滞回环面积大小。循环比定义为循环次数（N）与直至失效的加载次数（N_f）之间的比率，它用于分析疲劳变形特性。

表4.3　　　　　　　　　　不同循环应力比下的滞回曲线面积

骨料类型	应力比循环次数	0.1	0.5	0.9
普通骨料	0.75	9.12	11.62	12.67
	0.8	11.49	12.32	15.16
	0.85	23.68	28.74	43.42
	0.9	46.01	58.07	130.50
再生骨料	0.75	7.90	12.58	17.13
	0.8	14.03	18.59	31.40
	0.85	21.82	28.09	42.28
	0.9	23.22	33.19	69.21

从表中数据可以看出，两种类型的透水混凝土滞回环面积变化趋势基本一致。循环次数比增大，试件在荷载作用下的滞回环逐渐向应变增大的方向移动，这表明随着循环次数的增加，试件产生的损伤引起的不可逆变形越大；在循环荷载应力水平较低的情况下，会出现较大的塑形变形，当循环荷载应力水平增加时，透水混凝土各组分间摩擦愈加强烈，引起了耗散能的增加，滞回环的面积逐渐增大，塑性变形增加。

4.2.4　振动阻尼比

振动阻尼比 λ 的大小，其计算公式如下：

$$\lambda = A_h / (4\pi A_s) \tag{4.1}$$

式中　A_h——滞回环 $ABCDA$ 的面积；

　　　A_s——三角形 OBE 的面积，如图4.4所示。

不同循环应力比下的阻尼比见表4.4。

骨料类型	应力比循环次数	0.1	0.5	0.9
普通骨料	0.75	1.08	1.27	1.29
	0.8	1.45	1.53	1.64
	0.85	2.46	2.52	3.11
	0.9	3.47	3.79	5.8
再生骨料	0.75	1.39	1.77	2.05
	0.8	1.67	2.01	2.74
	0.85	2.36	3.17	4.02
	0.9	3.07	3.58	4.75

表 4.4　　　　　　　　不同循环应力比下的阻尼比　　　　　　　　%

从表 4.4 的数据中我们可以看出，透水混凝土试件的阻尼比随着循环荷载幅值和循环次数的增大而增大。对应较大应力幅值循环荷载的试件在荷载作用下颗粒变形更大，其骨料间的摩擦更为剧烈，界面结合越弱，试件阻尼比增大。

粗骨料的界面结合紧密程度对混凝土的阻尼影响显著，因此再生骨料透水混凝土与普通骨料透水混凝土相比，因其表面的附着砂浆，导致其内部联结力较为薄弱，阻尼比更大。这点从表中的数据也可以看出。

4.2.5　动弹性模量

滞回环的平均斜率反映了动弹性模量的大小，根据图 4.4 所示，其计算公式为

$$E = \sigma_{max} / \varepsilon_{max} \tag{4.2}$$

式中　σ_{max}——滞回环的最大应力；

　　　ε_{max}——滞回环的最大应变。

根据计算可以得到不同应力比下的两种不同骨料透水混凝土的动弹性模量变化，如图 4.6 所示。

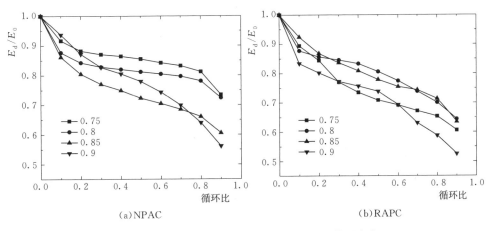

（a）NPAC　　　　　　　　　　（b）RAPC

图 4.6　两种不同骨料透水混凝土的动弹性模量变化

从图中可以看出，动弹性模量的总体变化趋势是随着循环次数比的增加，内部的裂缝发展较为充分，导致其动弹性模量下降较大。动弹性模量的总体下降趋势呈现三个阶段，第一阶段在循环比从 0～0.1 的范围内下降得比较快，第二阶段下降较为缓慢，第三阶段循环比在 0.8 之后下降幅度增大。

从图中也可以看出，试件在往复荷载下破坏时，其动弹性模量下降 25%～50%。从图中还可以看出，试件临近破坏时，再生骨料透水混凝土的动弹性模量下降快，残余动弹性模量比普通骨料透水混凝土小，这可能是因为再生骨料透水混凝土在往复荷载作用下内部损伤更大，导致其承载力迅速下降。

4.2.6 循环应变特性

总应变是经过一定次数的加载循环后，在最大应力水平下的轴向应变，而塑性应变是指试件卸载到零应力水平时的不可恢复变形，通过延伸最大应力水平的总应变和最小应力水平的应变的连线点来确定。

应力比为 0.8 时，两种试件在循环加卸载的总应变和塑性应变变化如图 4.7 所示，与弹性模量的变化类似，塑性应变和总应变的变化趋势也呈现三阶段变化。在第一阶段中，总应变和塑性应变在总疲劳寿命的前 5% 中迅速增加，这是由于微裂纹的初始产生和已经存在的试件的初始缺陷。第二阶段为疲劳寿命的 5%～90%，在该阶段应变逐渐增加，但增加速度较为缓慢，这是由于新的微裂纹产生和循环加载下的蠕变而导致的。随后微裂纹迅速连接形成宏观裂纹，导致应变快速增加，这是应变发展的第三阶段，大约为疲劳寿命的 5%。

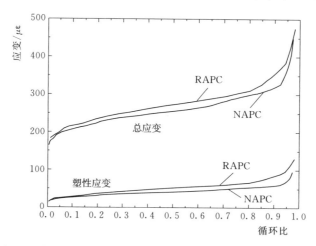

图 4.7 应力比为 0.8 时两种透水混凝土总应变和塑性应变变化

4.3 疲劳寿命预测模型

本节提出的两种不同骨料透水混凝土的应力-应变关系是基于由 Maekawa 和

Okamura (Maekawa, 1983) 提出的混凝土弹塑性和断裂 (EPF) 模型而建立的。在 EPF 模型中,应力-应变关系如图 4.8 和式 (4.3) 所示。

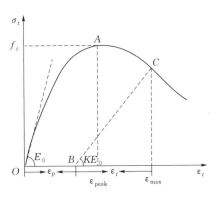

$$\sigma_c = KE_0(\varepsilon_{max} - \varepsilon_p) \qquad (4.3)$$

式中　σ_t——应力;

　　　ε_{max}——卸载应变;

　　　ε_p——塑性应变;

　　　K——裂缝参数;

　　　E_0——混凝土的杨氏模量。

图 4.8　应力-应变关系曲线

断裂参数 (K) 和塑性应变 (ε_p) 是最大应变 (ε_{max}) 和峰值应变 (ε_{peak}) 的函数。

因为透水混凝土中不存在细骨料,试件的力学性能如强度、刚度和变形特性在施加荷载的情况下与普通混凝土试件相比会有不同。因此,EPF 模型中断裂参数和塑性应变的关系式不再适用,需要在此基础上进行改进。

对两种骨料的透水混凝土进行静态卸载和重新加载试验,以测量循环加卸载过程中的刚度变化和卸载时的塑性应变。两种不同骨料的静态加卸载曲线如图 4.9 所示。根据试验所得数据,对初始 EPF 模型中的断裂参数和塑性应变函数式进行改进,即可得到断裂参数 (K) 和塑性应变 (ε_p) 的有关卸载应变 (ε_{max}) 和峰值应变 (ε_{peak}) 的函数关系式,详细推导过程见章节 4.3.1 和 4.3.2。

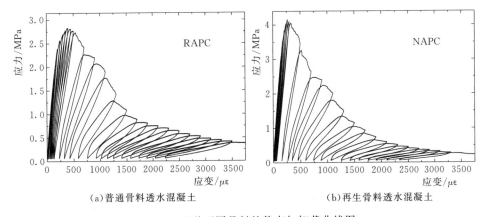

(a) 普通骨料透水混凝土　　　　　　　(b) 再生骨料透水混凝土

图 4.9　两种不同骨料的静态加卸载曲线图

4.3.1　断裂参数

将原点 O 处的斜率定义为初始杨氏模量 E_0,卸载点 C 与卸载最小应力点 B 两点连线的斜率为割线模量,断裂参数 (K) 定义为不同加载周期的应力-应变割线模量与透水混凝土试件的杨氏模量（E_0）的比值，其反映试件在施加载荷时的内部损伤程度，如图 4.8 所示。通过静态卸载和再加载试验得到的试验数据，计算得到两种骨料的透水混凝土在不同应力比下断裂参数（K）的值，满足关系式（4.4）。

$$K = \exp\left\{-a_1\varepsilon_{max}\left[1 - \exp\left(-b_1\frac{\varepsilon_{max}}{\varepsilon_{peak}}\right)\right]\right\} \tag{4.4}$$

其中两种不同骨料透水混凝土的初始弹性模量和峰值应变见表 4.5，分别带入准静态加卸载峰前峰后的数据，得到参数 a_1、b_1 的值见表 4.6。

表 4.5　　　　　　　　两种透水混凝土的弹性模量和峰值应变

	弹性模量/GPa	峰值应变/$\mu\varepsilon$
普通骨料透水混凝土	24.880	265.88
再生骨料透水混凝土	18.228	379.93

表 4.6　　　　　　　　　　参数 a_1、b_1 的拟合值

		a_1	b_1	R^2
普通	峰前	0.005	0.27	0.99
	峰后	0.002	0.95	0.99
再生	峰前	0.0017	1.75	0.98
	峰后	0.0017	2.5	0.99

将试验计算所得断裂参数 K 的值与拟合曲线一同展示在图 4.10 中。从图中可以看出拟合曲线与试验所得结果拟合较好。

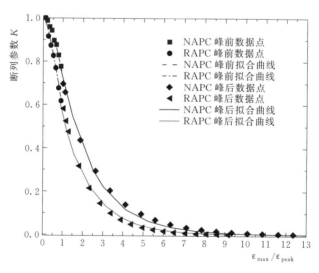

图 4.10　断裂参数 K 的拟合曲线

峰前断裂参数下降较为明显，但下降趋势逐渐变缓。当卸载应变与峰值应变的比值大于 5 时，断裂参数的值降到了 0.1 以下，并且此时下降速率较小。从图中还可以看出，在相同的条件下，再生骨料透水混凝土的断裂参数明显低于普通骨料透水混凝土，这是由于再生骨料混凝土中砂浆和粗骨料的联结力较弱，导致界面过渡区的滑移较大。试件动弹性模量下降快，易断裂。

4.3.2 塑性应变

混凝土等脆性材料的变形分为两个部分：塑性变形和弹性变形。在加卸载循环的情况下，弹性变形会恢复，而塑性变形部分无法恢复，不可逆变形的大小受材料破坏程度的直接影响，反映了在循环荷载作用下混凝土的疲劳性能。

混凝土等脆性材料的变形包括塑性变形（不可逆变形）和弹性变形两个部分，在加卸载循环中，其弹性变形会在荷载卸除后得到恢复，而塑性变形部分无法恢复，不可逆变形的大小与材料损伤程度直接相关，是混凝土在循环荷载下疲劳性能的体现。

同理于断裂参数，对静态加卸载数据进行整理计算可以得到塑性应变与卸载应变和峰值应变的关系式 [式 （4.5）]。

$$\varepsilon_p = \varepsilon_{max} - a_2 \varepsilon_{peak} \left\{ 1 - \exp(-b_2 \frac{\varepsilon_{max}}{\varepsilon_{peak}}) \right\} \qquad (4.5)$$

根据试验数据计算得到的 a_2、b_2 值见表 4.7。

表 4.7 参数 a_2、b_2 的拟合值

		a_2	b_2	R^2
普通	峰前	2.86	0.35	0.99
	峰后	4.04	0.23	0.99
再生	峰前	1.78	0.57	0.99
	峰后	4.04	0.20	0.99

从图 4.11 中可以看出，曲线与试验所得结果拟合效果较好。在荷载作用下，试件未达到峰值应变时，透水混凝土试件的塑性应变增加较小。达到峰值应变后，塑性应变增长迅速直至破坏。将两种不同骨料的透水混凝土试件进行比较，发现在相同的 $\varepsilon_{max}/\varepsilon_{peak}$ 比值下，再生骨料透水混凝土产生的塑性应变大。这是因为再生骨料透水混凝土内部初始的裂缝和孔隙较多，且随着荷载的不断作用，内部裂缝的扩展和相互贯通，造成的不可恢复损伤大，试件塑性变形大。

4.3.3 疲劳寿命

根据试验所得疲劳加载数据，不同应力水平下透水混凝土的 $\varepsilon'_{p, N_i}/\varepsilon'_{max, N_i}$ 和加载循环次数 （N_i） 之间的关系式如式（4.6）所示。

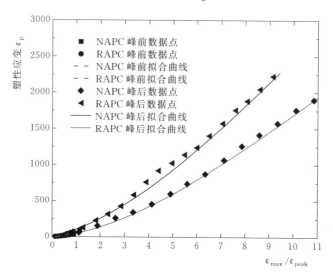

图 4.11　塑性应变 ε_p 的拟合曲线

$$\lg N_i = A\left[1 - \exp\left(-B\frac{\varepsilon'_{p,N_i}}{\varepsilon'_{\max,N_i}}\right)\right] - C \tag{4.6}$$

带入试验数据，得到两种骨料在不同应力比下参数 A，B，C 的值可以使用与应力比相关的公式表达，见表 4.8。试验数据点与模型拟合结果如图 4.12 所示。

表 4.8　　　　　　　　　　　参数 A，B，C 拟合曲线

骨料类型	参　数		
	A	B	C
普通骨料	$15.00/(1.20S_{\max}) - 11.6$	$11.6\,(1.25S_{\max})\,5.7$	$(1.37S_{\max})\,16.5$
再生骨料	$10.85/(1.25S_{\max}) - 7.0$	$19.0\,(1.15S_{\max})\,2.5$	$(1.50S_{\max})\,10.5$

从图 4.12（b）中可以看出，同种透水混凝土在不同应力比的疲劳荷载下，随着应力比的增大，试件临近破坏时塑性应变与最大应变的比值更大。这是因为应力比小时试件破坏的循环加载次数更多，从而试件在加载过程中，内部裂纹发展的更为充分，试件塑性应变更大。对比分析图 4.12（a）和（b）可以看出，在同种应力比下，再生骨料透水混凝土破坏时的塑性应变更大。

4.3.4　疲劳模型

考虑到混凝土受循环荷载时的损伤非线性（El - Kashif et al.，2004），在评估受损混凝土结构的疲劳寿命时（Maekawa et al.，2006），建立的基于时间和变形路径的疲劳寿命模型大都参考相似的弹塑性和断裂模型理论。在本研究中，对基于 EPF 模型建立的透水混凝土材料静力模型进行扩展，提出了透水混凝土材料的简化疲劳模型。该模型不仅可以评估透水混凝土材料在各个加载周期的总应变、塑性应变和断裂参数的变化，还可以预测不同应力水平下的疲劳寿命。

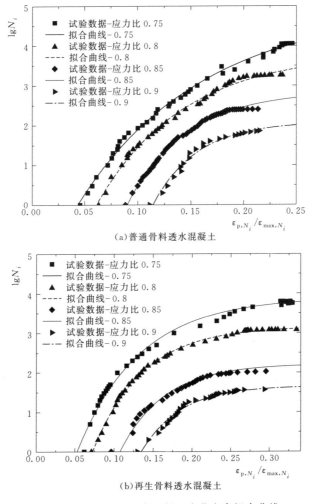

（a）普通骨料透水混凝土

（b）再生骨料透水混凝土

图 4.12　两种不同透水混凝土疲劳寿命拟合曲线

利用试件的残余强度可以预测混凝土试件在循环荷载作用下的破坏情况，试件的残余强度等于所提出的单调应力-应变关系中的峰值应力。规定当其残余强度低于往复荷载下的最大应力水平时，透水混凝土试样失效，如图 4.13 所示。

图 4.14 展示了用于确定断裂参数变化和试件疲劳破坏寿命预测的流程图。首先，基于静态试验得到弯拉强度、初始弹性模量和峰值应变等参数，

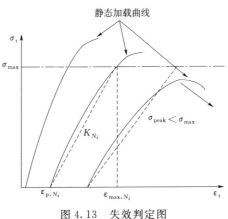

图 4.13　失效判定图

使用基于 EPF 模型建立的透水混凝土材料静力模型绘制应力-应变曲线。再使用提出的 $\sigma-\varepsilon$ 静力模型，带入最大施加应力，计算出最大应变（$\varepsilon_{\max,1}$）。此后，给出第一次循环加卸载的最大应变（$\varepsilon_{\max,N_i} > \varepsilon_{\max,1}$），使用式（4.4）和式（4.5）计算该点处试件相应的断裂参数和塑性应变。判断应变 $\varepsilon_{\max,N_i}$ 与峰值应变的大小，若前者小于后者，则使用峰前参数进行计算该点处的断裂参数和峰值应变；若前者大于后者，则使用峰后数据计算该点处的断裂参数和峰值应变。使用式（4.6）计算对应于 $\varepsilon_{p,N_i} / \varepsilon_{\max,N_i}$ 时的循环次数（N_i）。根据提出的 $\sigma-\varepsilon$ 静力模型计算出 $\varepsilon_{\max,N_i}$ 时的应力，判断计算得到的峰值应力与施加的最大应力的大小，若前者大于后者，则试件失效。此时的循环次数即为试件的疲劳寿命。若峰值应力小于所施加的最大应力，则重复整个计算过程直到透水混凝土的残余强度小于施加的最大应力。

4.3.5 疲劳模型验证

利用上一节所提出的简化疲劳模型，对两种不同骨料透水混凝土在应力比为 0.85 时的疲劳试验数据进行模型验证。根据计算得出两种骨料透

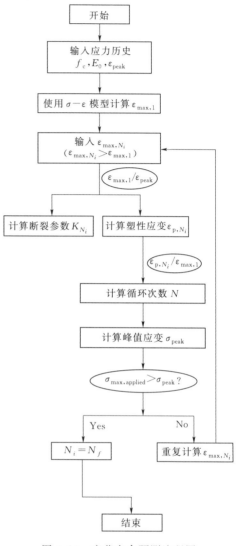

图 4.14 疲劳寿命预测流程图

水混凝土的断裂参数和塑性应变，对两种骨料透水混凝土在往复荷载下破坏时的疲劳寿命进行了预测。应力比为 0.85 时，两种骨料的透水混凝土的实际寿命分别为 254 和 105，根据所提出的模型进行计算得到的寿命分别为 311 和 130，可见预测与实际结果较为吻合，模型验证结果如图 4.15 所示。

值得注意的是，对比图 4.15（a）和（b），可以发现再生骨料透水混凝土在破坏时其塑性应变更大，动弹性模量也下降得更多，这与上节结论相符。从总体上看，计算结果与试验结果吻合良好。该模型可有效评估透水混凝土在往复荷载下的基本物理性能的变化并预测其疲劳寿命。

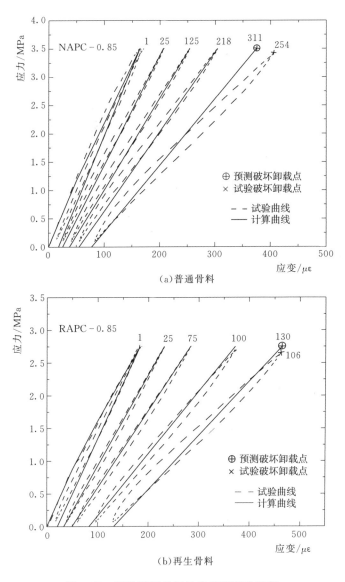

图 4.15　两种不同骨料的疲劳模型验证图

4.4　本　章　小　结

　　本章对普通骨料和再生骨料透水混凝土开展了准静态加卸载和疲劳力学试验，对比分析了两者的疲劳力学特性，并建立了不同骨料透水混凝土应力-应变模型，并在此模型的基础上进行扩展，提出了疲劳寿命预测模型。

（1）同种透水混凝土在循环荷载作用下，其滞回环的面积随着循环次数的增加而增加，阻尼比随应力比的增加而减小，阻尼比随循环次数的增加而减小。

（2）透水混凝土试件在循环荷载作用下，其动弹性模量，总应变和塑性应变的变化趋势均呈现三个阶段。第一阶段，在总疲劳寿命的 10% 时，动弹性模量迅速下降而应变迅速增加；第二阶段，保持第一阶段的变化趋势，但速率均变缓；第三阶段，弹性模量迅速下降，应变快速增加，试件破坏。

（3）研究基于准静态加卸载试验数据，在 EPF 模型的基础上进行改进，得到了透水混凝土试件的断裂参数和塑性应变的表达式，从而建立了应力-应变静力模型。

（4）在已建立的静力模型基础上，引入疲劳寿命关系式，扩展提出了简化疲劳模型。

（5）对试验结果进行了模型验证，验证结果表明，该模型可以有效评估透水混凝土的总应变、塑性应变和断裂参数的变化，可预测不同应力水平下试件的疲劳寿命。

第5章 再生骨料透水混凝土透水铺装的渗透特性

5.1 引 言

本章首先对再生骨料透水混凝土的透水性能进行了研究，从渗透性和保水性两个方面综合评价再生骨料透水混凝土的透水性能。并结合 CT 扫描技术分析混凝土的内部结构特征以获得更为准确的孔隙率值。其次对再生骨料透水混凝土的堵塞性能进行了研究，通过室内试验模拟真实情况下雨水中的堵塞物级配，研究了影响再生骨料透水混凝土渗透性的两种因素：孔隙率和堵塞次数。本章研究结果为再生骨料在透水混凝土中更好地应用提供了理论支撑。

5.2 透 水 性 能

5.2.1 试验方案

在对不同再生骨料掺量的透水混凝土的孔隙率进行测量时，若使用的是直径（D）为 74mm、高度（H）为 100mm 的圆柱体试件，圆柱体试件是通过对 150mm×150mm×150mm 的立方体试件取芯得到的；若使用 $D=70$mm、$H=150$mm 的圆柱体试件进行渗透试验，试件是用 PVC 管浇筑成型所得到的。在对试件的保水性进行评价时，使用的是用 PVC 管浇筑成型所得到的 $D=110$mm、$H=150$mm 的圆柱体试件。

5.2.1.1 孔隙率

在对不同再生骨料掺量的透水混凝土的孔隙率进行测量时，本章采用了一种新的测定方法，并结合 CT 扫描对试件的孔隙结构进行微观分析。

1. 新型孔隙率测定法

在已有的测量孔隙率的方法中，最常用的一种方法是：将试件在水中浸泡 24h，通过浸润质量与干燥质量来获得试件的孔隙率。本研究采用了一种新型的测量孔隙率的方法（图 5.1），试件浸泡时间改为 30min，其中加入了敲击、振动以及翻转倒置的步骤，经过对多次试验的结果进行分析，发现该新方法所测得的孔隙率数据与普通方法所得到的大致相同，故该新方法可行，并且在很大程度上缩短了试验时间。

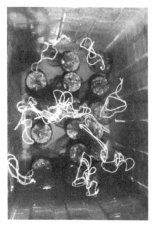

图 5.1　一种新的测量孔隙率的方法

新型孔隙率测定方法的试验步骤如下：

（1）将每个试件的质量精确至 0.1g，记录为初始质量。

（2）将试件在温度为 37.8℃（100°F）的烘箱中干燥 24h，取出后称重，并将该质量记录为干质量 W_D（精确至 0.1g）。

（3）在 3 个代表性位置测量每个试件的高度和直径，精确至 0.1mm，并记录。

（4）计算每个试件的平均高度（H_{avg}）和平均直径（D_{avg}），作为步骤（3）中 3 次测量的平均值。

（5）使用平均高度（H_{avg}）和平均直径（D_{avg}），通过式（5.1）计算样品的总体积（V_T）：

$$V_T = \frac{\pi}{4} D_{avg}^2 H_{avg}$$
(5.1)

（6）在水位高度足够浸没试件的水箱中，将试件完全浸没，使试件在水下直立 30min。

（7）30min 后，保持试件在水下，将每个试件在水箱底部敲击 5 次（敲击试件的目的是促进渗入的气泡从透水混凝土内逸出；敲击时的力度、频率等应满足不会对试件或容器造成任何损坏的条件），敲击完成后将试件反转 180°。

（8）试件在水下保持浸没，测量其质量精确到 0.1g，记录为浸没质量（W_S）（水下质量必须在水下测量，可以使用丝网袋来支撑水下的试件）。

（9）通过式（5.2）计算孔隙率：

$$P(\%) = \left(1 - \frac{(W_D - W_S)/\rho_w}{V_T}\right) \times 100$$
(5.2)

2. CT 扫描

由于 X 射线、CT 可以对材料进行无损探测，并且能够直观显示物体内部的结构组成，通过 CT 扫描对试件的孔隙结构进行微观分析。本试验所使用的仪器为 Philips Briliance iCT（图 5.2）。

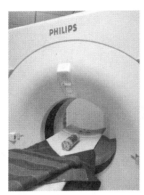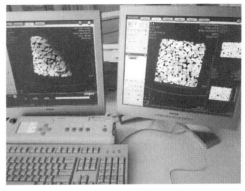

图 5.2　CT 扫描仪

CT 扫描不仅可以得到试件的体积孔隙率，还能对每个面层的灰度值进行统计分析，得到各面层孔隙率在试件内部的变化规律。

5.2.1.2　渗透性

渗透试验使用 $D=70\text{mm}$、$H=150\text{mm}$ 的圆柱体试件进行。本研究采用"变水头法"来测定不同再生骨料掺量下试件的渗透系数，试验仪器选用自主研制的渗透系数测定仪（图 5.3）。图中滤网同时起到支撑上部试件的作用；试件包裹保鲜膜层是为了保证试件与管壁紧密贴合，以防侧壁渗漏。

渗透系数的计算公式如下：

$$k=\frac{aL}{At}\ln\frac{h_1}{h_2}\tag{5.3}$$

式中　L——试件高，mm；

　　　A——横截面面积，mm^2；

　　　a——横截面面积，mm^2；

　　　t——水位下降所用的时间，s。

在水位差（h_1-h_2）的作用下，水从带有刻度的变水头管中自上向下渗过试件。

5.2.1.3　保水性

保水性试验使用 $D=110\text{mm}$、$H=150\text{mm}$ 的圆柱体试件。考虑到水分只会从其表层蒸发，因此，本试验通过在 PVC 管底部裹保鲜膜并加盖，在缝隙处涂抹凡士林对其进行封堵，以阻止水从侧面和底部的表面流出，如图 5.4 所示。

试验步骤如下：

（1）将试件浸泡于水中 24h，使试件的孔隙被水充满。

（2）取出水中试件，将试件表面水分擦干后称量试件质量 m_0。

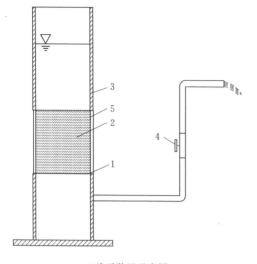

(a)渗透装置示意图　　　　　　　　　　　(b)渗透装置实物图

(c)试验试件

图 5.3　变水头法测定渗透系数试验

1—滤网；2—试件；3—圆柱形管壁（有机玻璃层）；4—止水阀；5—包裹试件的保鲜膜层

（3）试件底部密封，将试件置于 20℃、相对湿度 80％的标准养护室中，称量 1h、3h、5h 和 24h 后的试件质量（图 5.4）。

图 5.4　保水性试验

（4）每隔 24h 进行一次试件称量，直至试件取出后第 10 天。

保水量的计算公式如下：

$$K = \frac{m_S - m_D}{V} \tag{5.4}$$

式中　K——保水量，g/cm^3；

　　　m_S——湿润质量，g；

　　　m_D——干燥质量，g；

　　　V——试件体积，mm^3。

5.2.2　试验结果与分析

5.2.2.1　孔隙率

1. 新型孔隙率测定法

本试验采用 $D = 74mm$、$H = 100mm$ 的圆柱体试件，并使用提出的新型方法来测量其孔隙率，得到了孔隙率随再生骨料掺量的变化关系，如图 5.5 所示。从图中的变化曲线可以发现：混凝土试件的孔隙率随着再生骨料掺量的增加而不断提高，从最初的 2.70％ 逐渐提高至 13.43％。由于本研究采用的天然骨料的粒径范围为 0～15mm，而再生骨料粒径范围为 10～15mm，故当混凝土中的天然骨料逐渐被再生骨料替代时，粗骨料中粒径小于 10mm 的部分逐渐减小。随着较小粒径粗骨料成分的减少，混凝土中的小孔隙也逐渐消失，取而代之的是由 10～15mm 再生骨料形成的较大孔隙，所以在天然骨料逐渐被再生骨料替代的过程中，混凝土试件的孔隙率逐渐提高。

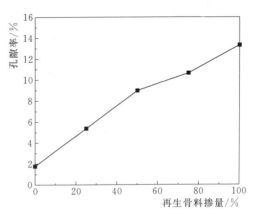

图 5.5　透水混凝土孔隙率随再生骨料
掺量的变化关系

2. CT 扫描

除上述新型孔隙率测定法外，研究还通过 CT 扫描对试件的孔隙结构进行了微观分析。所使用的仪器 Philips Briliance iCT 为 128 排第三代螺旋 CT，采用滑环技术，能连续旋转对物体进行容积扫描，根据不同物质对 X 射线的吸收与透过率的不同获得测量数据，通过图像重建可以获得任意方向的剖面图像，同时可以减小部分容积效应的伪影。

试件两端和空气交界处，因试件和空气的密度不同，两种物质对射线衰减系数差异过大，导致试件两端的图像伪影较重，图像模糊、质量差，无法用于数据分析，因此需对扫描采集的横断面图像进行筛选，以进行数据分析。每个试件两端各去掉 2～4 幅图像，共得到层厚与层间距均为 0.67mm 的横断面图像约 150 幅。利用 Philips 医学图像处理工作站 ISP6.0，将筛选过的横断面薄层图像进行 VR 重建和 MRP 重组。

重建工作完成后，选取重建层厚为 0.67mm 的横断面图像约 120 幅，沿试件芯样的高度方向，平均每 6 层取 1 层作为研究对象，每个试件共取得横断面图像 20 层来进行研究。5 种不同再生骨料掺量的试件断面图像如图 5.6 所示。

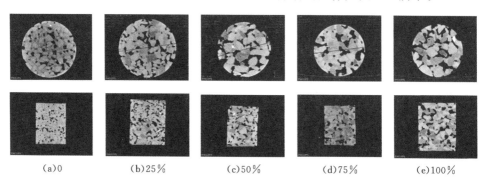

(a)0　　　　　　(b)25%　　　　　　(c)50%　　　　　　(d)75%　　　　　　(e)100%

图 5.6　CT 扫描下的不同再生骨料掺量试件横、纵断面图

某物质的 CT 值等于该物质的衰减系数与水的吸收系数之差再与水的衰减系数相比之后乘以分度因素。物质的 CT 值反映物质的密度，即物质的 CT 值越高时物质密度也越高。而 CT 值越高，对应图像的灰度值也就越大，即图片中颜色越白越明亮的地方，其密度越大。图像中黑色部分代表孔隙与空气，灰色和白色部分代表骨料。通过这些断面图，可以清楚地看到试件每个面层孔隙的大小和分布情况。狭长的孔隙长度一般为 1～2cm，最长可达 3cm；圆形孔隙孔径一般为 0.2～0.7cm，最大约 1cm。狭长孔隙多分布在试件芯样边缘处或圆心周围，圆心孔隙一般散落在其间分布。

对每一层利用 CT 值阈值分割的办法区分骨料与孔隙。试件 CT 值的取值范围为 −1024～＋3071，断面图像中每一个像素点都对应一个确定的 CT 值。其中，孔隙的 CT 值为 −1000，骨料的 CT 值大于 1000，CT 值被平均后，孔隙 CT 值位于 −500 左右。经判断筛选后，认为 CT 值大于 500 的为试件骨料部分，不大于 500 的为试件孔隙部分。统计代表孔隙部分的像素点占整幅断面图像像素点的百分比，可计算每个面层的孔隙率。通过此方法得到每个试件（5 种掺量的试件标记为 3-1～3-5）沿高度方向的面层孔隙率，将 5 个不同的再生骨料掺量试件的面层孔隙率进行对比，如图 5.7 所示，可得结论如下：

（1）各试件中，其面层孔隙率在中间层中（5～15 层）沿高度方向分布相对波动较小，一般不超过 10%，说明试件中间部位孔隙分布较均匀。而试件两端孔隙率一般波动较明显，常大于 10%，说明试件两端孔隙分布变化较大。

（2）随着再生骨料掺量的增加，其试件的面层孔隙率总体呈增大趋势。

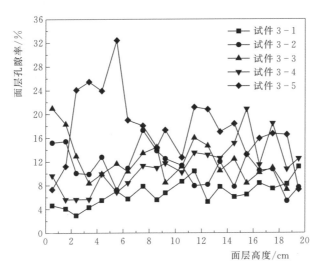

图 5.7　面层孔隙率对比图

利用 VRT 多层螺旋 CT 容积再现技术,对每个试件进行三维重建成像,根据骨料与孔隙密度的不同,对骨料部分进行分选与提取,如图 5.8 所示。读取分选出的骨料部分的体积,记为 V_1。

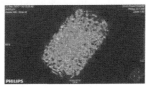

　(a)骨料部分　　　　　　　(b)孔隙部分　　　　　　　(c)整体部分

图 5.8　试件三维重建成像

在试件的直径纵剖面图上取左、中、右三个高度的平均值作为试件高度 H,取试件上、中、下横断面面积的平均值作为试件横断面面积 S,则得到试件体积 $V = SH$。可计算试件的体积孔隙率 $n = V_1/V$。

将新型孔隙率测定法所测得的体积孔隙率和 CT 扫描法所得的体积孔隙率进行对比,如图 5.9 所示。在图 5.9 中可明显看出,在两种方法下,孔隙率随再生骨料掺量增大而增长的趋势相似,但整体上 CT 扫描法所得孔隙率略大于新型孔隙率测定法所得体积孔隙率。究其原因,在试件中存在非连通孔隙,水和空气无法透过,试验法测量时一般无法测得此部分孔隙,而 CT 扫描法可以准确测得试件中所有孔隙,包括连通孔隙与非连通孔隙,所以试验所得体积孔隙率的结果略低于理论值与 CT 测量值。

5.2.2.2　渗透性

在使用圆柱体试件进行渗透试验的过程中发现,部分试件的端部有堵塞现象，这是由试件浇筑成型时砂浆下沉导致的，属于个别现象。本试验对发生这种情况的试件进行了切割处理，测得的渗透系数随再生骨料掺量的变化关系如图5.10 所示。从图中可以发现随着天然骨料逐渐被再生骨料替代，混凝土的渗透系数逐渐增大。可见在透水混凝土中掺入再生骨料有利于提升透水混凝土的渗透性能。

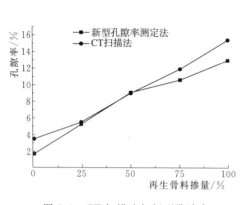

图 5.9　CT 扫描法与新型孔隙率
测定法下的孔隙率对比图

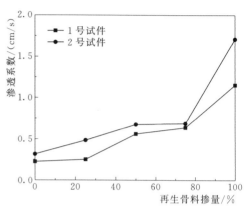

图 5.10　渗透系数与再生骨料
掺量的关系

随着再生骨料掺量的提高，试件的孔隙率逐渐增大（图 5.9）。可见孔隙率对渗透系数的影响呈正相关，总体趋势是透水混凝土的渗透系数随着孔隙率的增大而增大。因为随着孔隙率的增大，试件内部的连通孔隙增多，内部水流的实际过水断面增大，从而导致的渗透系数不断增大。综上可得，透水混凝土的孔隙率对其渗透性有很大的影响。

5.2.2.3　保水性

图 5.11 呈现的是不同再生骨料掺量下试件的保水量随蒸发时间的变化关系。通过在 PVC 管底部裹保鲜膜并加盖，在缝隙处涂抹凡士林对其进行封堵，以阻止水从侧面和底部的表面流出，来保证水分只能从试件顶部蒸发。本试验记录了试件在标准养护室内 9 天的保水量变化情况，从图 5.11 中可以发现，5 种再生骨料掺量下保水量随蒸发时间的变化趋势相似，前期下降幅度较大，随着时间增长，下降速率逐渐降低，蒸发速度变慢。通过对蒸发 216h 后的保水量进行分析，可以得到如图 5.12 所示的变化关系，当再生骨料掺量从 0 增加到 25％时，保水量发生了一个很大幅度的激增，随着掺量增加到 50％，保水量又陡降至 1.56％，当再生骨料掺量继续增加至 100％，保水量平缓地提高。通过对试验数据以及曲线进行分析，可以发现当掺量达到 25％时的保水量数据为一个异常值，故将其剔除。综上所述，随着再生骨料掺量的增加，试件的保水性能逐渐变好，可见再生骨料的掺入对透水混凝土的保水性能产生了积极的影响。

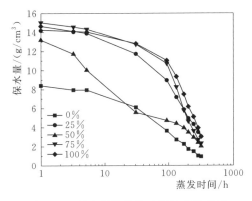

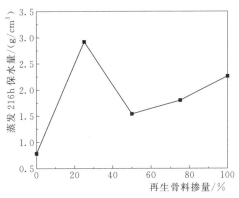

图 5.11 保水量随蒸发时间的变化关系　　图 5.12 216h保水量随掺量的变化关系

5.3 堵 塞 特 性

5.3.1 堵塞装置研制

透水混凝土试件内部的孔隙有很多与侧壁相连，在堵塞试验过程中水流易从这些孔隙流向侧壁，而后沿侧壁垂直留下，这样的一种现象叫做侧壁效应。水流路径改变，测量出的渗透系数会变大。有些研究在混凝土试件上部与仪器侧壁接触处涂抹一层凡士林，这种做法在一定程度上减弱了侧壁效应，但是水流仍然会从中下部孔隙产生侧漏，并不能从根本上解决侧壁效应的问题。本章通过聚乙烯保鲜膜完全包裹试件的方法，能够有效解决不同高度试件的侧壁效应。

试验装置参照崔新壮团队研发成果（崔新壮 等，2016），装置实体如图 5.13所示。在放置混凝土试件的套筒中，做了表面粗糙处理，使管壁与包裹保鲜膜以后的试件之间的黏结力更好。试验时，在将再生骨料透水混凝土试件放入有机玻

（a)主视图　　　　　　　　　（b)右视图

图 5.13 常水头试验装置

87

璃套管之前，使用保鲜膜将试件侧面包裹起来，直到放入有机玻璃套筒时有摩擦感。然后在保鲜膜包裹层和有机玻璃套管接触面抹上一层凡士林，进一步防止侧壁渗漏。

5.3.2　试验方案

5.3.2.1　渗透性

在试验过程中，上、下两个水压力传感器可以记录堵塞过程中上、下表面水压力的变化，机箱中的超声波流速传感器可以记录出水管内水流速，同时通过模数转换器将数据实时记录到电脑。

通过式（5.5）确定水头梯度：

$$i = (h_1 - h_2)/l \tag{5.5}$$

式中　i——水头梯度；

h_1、h_2——透水混凝土试件上、下端面的水头高度，mm；

l——透水混凝土试件的高度，mm。

通过出水管内水流速，可以得到混凝土试件内的水流速：

$$v_1 = \frac{A_o}{A_e} v_2 \tag{5.6}$$

式中　v_1——混凝土试件内的水流速，mm/s；

A_o——出水管的内截面积，mm^2；

A_e——混凝土试件的有效截面积，mm^2；

v_2——出水管内水流速，mm/s。

根据式（5.5）和式（5.6）的结果，利用达西定律，确定混凝土试件的渗透系数 k（mm/s）：

$$k = v_1/i \tag{5.7}$$

本次试验共采用 3 种不同孔隙率的透水混凝土，第一组试件（GA）孔隙率为 15%，第二组试件（GB）孔隙率为 20%，第三组试件（GC）孔隙率为 25%。

5.3.2.2　堵塞模拟

为了更加真实地模拟再生骨料透水混凝土现场的堵塞情况，试验采用了一种真实雨水冲刷下堵塞颗粒的级配砂作为堵塞材料。堵塞材料由 4 种不同粒径范围的砂组成：$0\sim74\mu m$、$74\sim1000\mu m$、$1000\sim2000\mu m$ 以及 $2000\sim2500\mu m$，4 种不同砂的占比分别为：25%、40%、6% 和 29%。

利用常水头模拟试验装置，本次渗透试验按照以下步骤开展。

（1）用保鲜膜把试件侧面一层层缠绕，直至刚好放入试验仪器的有机玻璃套筒中，同时在裹上保鲜膜的混凝土试件侧面和上面一层涂抹凡士林，然后将试件安装在试验仪器的有机玻璃套筒中。

（2）将仪器的出水管和进水管均放置在水中。

（3）打开水泵，水流进入有机玻璃套筒后，流经混凝土试件。当玻璃套筒中水深达到要求的水头高度时，观察到试件无气泡漂浮式，打开出水口，形成稳定的水头高度。

（4）当流速，上、下水压力以及电压和电流示数趋于稳定后，加入 5g 级配堵塞材料。

（5）等待示数再次稳定后重复步骤（4），直至流速接近于 0 时停止试验。

5.3.3 试验结果与分析

5.3.3.1 孔隙率影响

试验评价了孔隙率以及堵塞物质量对堵塞效果的影响，评价指标为归一化渗透系数（k_g）（崔新壮 等，2016）。其值为加砂后渗透系数除以初始渗透系数得到的值，初始化系数取加入堵塞材料前 1～2min 内渗透系数的平均值，加砂后渗透系数取每次加砂流速稳定后 1～2min 内渗透系数的平均值。图 5.14 是不同孔隙率的透水混凝土基于归一化渗透系数的比较。可以看到，k_g 的变化具有相同的趋势，即每次加砂后都会下降。孔隙率为 15% 和 20% 时，第一次加砂后 k_g 就大幅度降低。这种情况在 25% 的孔隙率中，直到第 6 次加砂才出现。这是因为孔隙率越小，贯通孔隙也相对较少，堵塞材料更容易在贯通孔隙中堆积。形成堆积后再次加砂，粗粒径的砂部分堆积在透水混凝土试件表面，而一些微粒会通过前一次堆积后的残留孔隙继续随水流流动，在这期间，粒径较大的微粒会停留在较小的孔隙和残留孔隙中，还有部分会在残留孔隙中形成堆积，使得原本形成堵塞的孔隙的堵塞现象进一步加重。而孔隙率较大的透水混凝土试件，砂的流动性会更大，需要经过多次加砂才能形成完全的堵塞。形成完全堵塞后，将透水混凝土试件从装置中取出，完全风干后混凝土试件表面堵塞状态如图 5.15 所示。可以看到，上层表面中的孔隙形成堵塞。这也符合 Vancura 等（2012）提出的理论：一般情况下，由于水动力和多孔摩擦的共同作用，堵塞效果通常发生在试样上表面 12.7mm 以内。

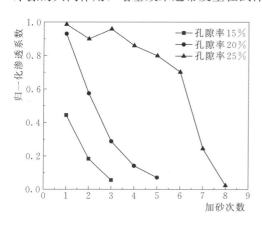

图 5.14　不同孔隙率加砂次数与归一化
渗透系数的关系

图 5.15　完全风干后混凝土试件
表面堵塞状态

5.3.3.2 堵塞过程分析

通过对渗透系数实时曲线的过程进行分析，可以对透水混凝土的渗透性进行研究。图 5.16 是孔隙率为 15% 的透水混凝土堵塞过程中渗透系数的变化特征。第一次加砂后，k_g 降低 60% 后趋于稳定。再次加砂，可以看到 k_g 继续降低，其值趋于 0，形成堵塞。在第二次加砂后 k_g 的反弹现象，是因为第一次加砂后透水混凝土孔隙内部的部分微粒处于不稳定的状态，在第二次加砂后，砂通过水流再次进入透水混凝土的内部孔隙，孔隙内部分依附于粗颗粒表面的微粒通过水流的作用，再次移动，使得透水混凝土的渗透系数暂时变大。但是由于新的砂加入到系统中，使得原本的堵塞更为严重，在图 5.16 中表现为渗透系数再次下降。

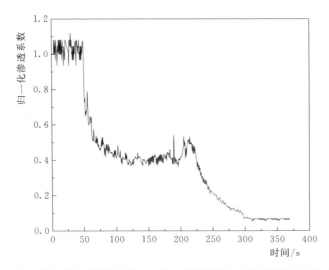

图 5.16　孔隙率为 15% 的透水混凝土堵塞过程中渗透系数的变化特征

试验发现，孔隙率为 15% 的透水混凝土在 2 次加砂或 3 次加砂后形成了极为严重的堵塞现象，而孔隙率为 25% 的透水混凝土在前几次加砂后 k_g 下降缓慢。第 5 次加砂后 k_g 下降到原来的 80% 左右，第 6 次加砂后 k_g 下降到 20% 左右，在第 8 次加砂后出现严重堵塞现象。对形成完全堵塞的试件进行高压水冲洗（这是目前最常见的一种针对堵塞进行清洗的方法），冲洗后对试件的渗透系数进行测试，发现不同孔隙率的渗透系数都有一定的回复，也能观察到有一定量的砂被冲洗出来，证明这种方法可以缓解小粒径的级配砂造成的堵塞。

图 5.16 和图 5.17 中 k_g 在短时间内波动很大的现象，是因为部分微粒堵塞了出水口流速器的脉冲扇叶，导致流速传感器记录的流速波动，从而导致 k_g 的波动。这一现象在孔隙率为 20% 的试件堵塞试验中最为严重，如图 5.18 所示，两次加砂后，在 500～700s 的过程中，出现了流速示数为 0 的情况，但是此时出水口的出水速度很大。保持其余因素不变，用清水冲刷流速器后，发现流速回

弹。待流速基本稳定后，加入 0.5g 粒径在 0～0.15μm 的砂，发现流速逐渐降低直至为 0，此时出水口出水速度并无明显减少，这是因为微粒随水流进入到流量计中堵住扇叶，导致流速显示为 0。

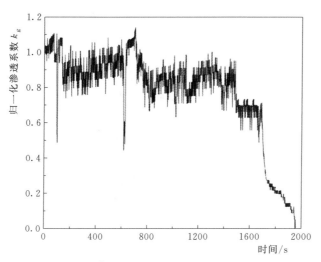

图 5.17　孔隙率为 25％的透水混凝土堵塞过程中渗透系数的变化特征

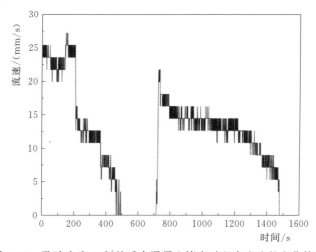

图 5.18　孔隙率为 20％的透水混凝土堵塞过程中流速的变化特征

5.4　本　章　小　结

本章探讨了再生骨料透水混凝土透水铺装的渗透特性，主要得到以下结论：

（1）随着再生骨料替代率的增大，透水混凝土的渗透系数逐渐增大，主要是因为随着再生骨料掺量的提高，试件的孔隙率逐渐变大，孔隙率对渗透系数的影响呈正相关。随着孔隙率的增大，混凝土内连通孔隙变多，内部水流的实际过水断面增大，从而渗透系数不断增大。

（2）在不同再生骨料掺量情况下，保水量随蒸发时间的变化趋势相似，表现为前期下降幅度较大，当蒸发时间达到 24h 后，保水量的下降速率逐渐降低，蒸发速度变慢。通过对蒸发 216h 后透水混凝土的保水量进行分析，可以发现：随着再生骨料掺量的增加，试件的保水量提高。可见再生骨料的掺入对透水混凝土的保水性能产生了积极的影响。

（3）堵塞物质量相同时，孔隙率与加砂后透水混凝土的渗透性和堵塞循环次数成正比。孔隙率较小时，级配砂中不同粒径的砂更容易互相聚集，形成堵塞；而孔隙较大时，会有更多的微粒穿过透水混凝土内部孔隙，不易形成堵塞。

（4）在自然状态下，孔隙率为 25% 的再生骨料透水混凝土，能够在多次连续堵塞的条件下，保持较好的渗透性，能够在一定程度上保障其使用寿命。

第6章 再生骨料透水混凝土生态护坡植生性能

6.1 引 言

在外部条件一样的情况下，植物在天然土壤上的生长状况与其在透水混凝土上的存活情况、生长状态存在很大的区别，因此对再生骨料透水混凝土的植生性进行研究是很有必要的。为了保证植物的存活状况，已经有很多学者对其进行研究，例如通过在透水混凝土内部进行营养介质的填充，通过特殊外加剂改善土壤性能等方法，但这些方法往往成本较高，在工程层面实现难度较大。基于以上难题，本章采用在施工养护后混凝土表面直接覆土播种的形式，对再生骨料透水混凝土进行植生性试验。

6.2 植 生 工 艺

6.2.1 护坡植物的选择

6.2.1.1 选用原则

我国的植物种类很多，不同地区植物的差距较大，因此选择合适的植物对于植生型透水混凝土来说十分重要。植生型透水混凝土护坡植被的选取，主要有以下几个原则（张俊云 等，2002）：

（1）适应当地的气候环境。

（2）适应当地的土壤条件（如水分、碱度值、土壤性质等）。

（3）抵抗不利环境的能力较强（如抗寒性、抗旱性、抗盐碱性、抗贫瘠性、抗病虫害等）。

（4）适应粗放管理，生命周期长。

（5）根系发达，生长速度快。

（6）种子易获得并且成本合理。

6.2.1.2 护坡植物的选择

我国地大物博，植物种类繁多，在不同的地区，不同的植物生长状态往往不同。植生型生态护坡植物的选取，不管是当地物种还是外来物种，都要以其生态性为目标，保证其存活率及其生长状态。在选择草种之前，根据相关文献资料，并依据"示范工程——长荡湖水利水综合治理工程"的施工经验，由生态护坡混凝土的设计要点以及植生方法，最终选取了"百慕大""马尼拉""高羊茅""狗牙根"四种草种进行植生性试验。

（1）"百慕大"。"百慕大"草种是施工中常用的草种之一。"百慕大"草属于低矮草本植物。其根系发达，匍匐地面生长。草秆虽然纤细但是坚韧，直立部分最高可达 30cm。"百慕大"草坪健壮致密，杂草难以入侵，其耐旱耐踏性能突出。"百慕大"草虽然属于暖季型草坪，但是其在冬季生长状况尚可。

"百慕大"草种是我国南方及长江流域广泛使用的草种之一（刘杰 等，2018）。作为外来物种，"百慕大"草存在或携带的有害生物对我国本土禾本植物造成损害的情况，在我国尚未发生或局部发生。为了降低物种入侵的风险，需要在进口前对其草种进行检疫处理（钟国强，2005）。

（2）"马尼拉"。"马尼拉"草种作为常用草种之一，但是其整体效果不如"百慕大"草。"马尼拉"草属于多年生草本植物，其根茎横向生长，须根纤细但是其草秆直立，最高可达 20cm 左右。"马尼拉"草秆基部节间短，每节能够生长出一至数个分枝。"马尼拉"草耐寒程度一般，耐践踏程度一般，但其病虫灾害较少，适宜在深厚肥沃、排水良好的土壤中生长。

（3）"高羊茅"。"高羊茅"草种并不是推荐草种之一，因为相对于"百慕大"等草种，"高羊茅"在实际工程中的应用效果并不好。"高羊茅"属于多年生草本植物，其草秆单生或者稀疏生长。"高羊茅"适宜在较为寒冷潮湿以及温暖的气候中生长。"高羊茅"喜光、耐半阴、耐酸、耐瘠薄，抗病性强但是不耐高温。

（4）"狗牙根"。试验选取的"狗牙根"为普通"狗牙根"，并不属于推荐草种之一，是为了和同属于"狗牙根"品种的"百慕大"草种进行对比。

6.2.2　试验材料及方法

6.2.2.1　试验材料

1. 再生骨料透水混凝土

为探究再生骨料取代率对透水混凝土的影响，试验对透水混凝土再生骨料透水混凝土的配比进行了研究。为了尽可能降低浇筑再生骨料透水混凝土的成本，试验选取了 100% 的再生骨料取代率。对再生骨料透水混凝土配比试验结果进行比对，选取了配比试验方案的 EP-P 组，其配比结果见表 6.1。此组配比浇筑出的再生骨料透水混凝土，孔隙率在 23% 左右，抗压强度约 15MPa。

再生骨料透水混凝土的浇筑采用自落式搅拌机。为了进行再生骨料透水混凝土的植生性及后续试验，制作了边长为 25cm 的立方体试件模子。长和宽设计成 25cm 是为了便于植生性试验的展开，尺寸太小不便于进行后续的抗侵蚀试验，尺寸太大会导致混凝土试件过重，不便于搬运。而高度定为 25cm，一方面是因为 25cm 能够完全隔绝草种根系通过孔隙穿过混凝土，在混凝土下层土壤扎根，另一方面模板的制作也比较简便。

表 6.1　　　　　　　　再生骨料透水混凝土植生性试验配比

组别	粒径/mm	水灰比	水泥/(kg/m³)	水/(kg/m³)	再生骨料/(kg/m³)	附加水/(kg/m³)	减水剂/(kg/m³)
EP-P	20~30	0.25	338	84.5	1200	39/21.127	0.528

2. 植生用土

试验采取的植生用土是普通土壤，并未添加营养剂。

3. 草种

试验选取的四种草种的分布情况和主要特点见表 6.2。

表 6.2　　　　　　　　植生性试验选取的四种草种

草种	分　布	主　要　特　点
"百慕大"	适合湖南、湖北、河南、江西、江苏、安徽等地	生长迅速、耐旱耐踏、喜温暖湿润环境
"马尼拉"	主要分布于中国台湾、广东、海南等地，亚洲和大洋洲的热带地区亦有分布	匍匐生长、具有较强竞争能力及适度耐践踏性
"高羊茅"	分布于中国广西、四川、贵州	适应性强，抗逆性突出，耐践踏和抗病力强
"狗牙根"	广布于中国黄河以南各省，北京附近已有栽培；全世界温暖地区均有分布	根系发达，根量多

4. 肥料

试验选用的肥料是普通复合肥。通常来讲，含有两种或两种以上营养元素的化肥被称为复合肥料。复合肥料成本合适，其养分含量也比较高、副成分较少，同时其物理性状也比较好。

6.2.2.2　试验方法

1. 植生性试验的选地与准备

试验一共选取了 16 个再生骨料透水混凝土试件，在图 6.1 试验地点处挖出一个长和宽均为 1.2m，深度为 30cm 的土坑，然后将 16 个试件按照 4 行 4 列依次放入，如图 6.2 所示。

图 6.1　植生性试验选地　　　　图 6.2　植生性试验准备工作

2. 覆土和施肥

待再生骨料透水混凝土试件铺设完毕后,在其四周以及表面覆土。混凝土试件表面覆土厚度大约为 5cm。覆土过程如图 6.3 所示。覆土完成以后均匀施肥,对混凝土试件四周的土壤浇水,根据土壤下陷情况进行土壤的补充。覆土施肥完成后如图 6.4 所示。

图 6.3　植生性试验的覆土　　　　图 6.4　植生性试验施肥

3. 播种与再覆土

如图 6.3 所示,16 个试件按照 4×4 的顺序排开,每一行 4 个试件为一组,播种同一草种。在图 6.4 中从上到下依次为"马尼拉""百慕大""狗牙根""高羊茅"。在每组土壤的连接处,轻轻划出土壤边界,以防草种交叉传播。播种过程如图 6.5 所示,全部播种完成后再覆土,厚度大约 2mm 左右,如图 6.6 所示。

图 6.5　植生型试验的播种　　　　图 6.6　植生型试验覆土

4. 后期养护

对于植生型透水混凝土来说，植被的养护和管理是一个重要环节。试验为了研究草种在再生骨料混凝土表面的生长状况，增加了混凝土试件的厚度，如果后期养护不当，会影响草种的发芽，从而导致水土流失以及杂草入侵，因此必须对草种进行合理的养护。本次试验对植被的养护从 3 个方面进行，分别为表面覆纱、浇水和施肥。

（1）表面覆纱。播种覆土到草种发芽期间，由于土壤表面没有植物的防护作用，在大雨的天气下容易形成水土流失以及草种的流失。为了避免这种情况的发生，试验选取了纱帘作为表面防护材料，将其完全覆盖在土壤上层，直至草种发芽。

（2）浇水。水分含量的多少是影响植物发芽生长的重要因素。在播种覆土后，为了使得土壤以及混凝土试件内部有充足的水分，第一次浇水持续时间较长。第一次植生型试验于 7 月 10 日开展，持续观察时间大约为 3 个月，于 10 月 14 日左右开始第二次植生性试验。7 月、8 月南京气温偏高，因此在草种发芽之前的浇水频率为 1 天 2 次，一次在早上 7—9 点，另外一次在晚上 5—7 点。而在草种发芽以后，浇水频率可以降低。第二批植生性试验于 10 月 14 日开展，温度适宜，浇水频率为 3 天 1 次，到 11 月降低为 4 天 1 次。具体浇水频率见表 6.3 所示。

表 6.3 植生性试验浇水频率

试验批次	状态	预估时间	浇水频率
第一次植生性试验	发芽前	7 月 10 日至 8 月	2 次 /1 天
	发芽后	8—9 月	1 次 /1 天
		9—10 月	1 次 /2 天
第二次植生性试验	发芽前	10—11 月	1 次 /3 天
	发芽后	11 月至次年 1 月	1 次 /3~4 天

（3）施肥。每一批次的施肥主要分为两次，一次是在覆土过程中施肥，另外一次是在发芽后对其进行少量的施肥。

6.2.3 植生性效果及分析

6.2.3.1 夏季气候条件

为了使得植生情况更具有工程意义，夏季植生性试验在室外进行。选取的时间段为 7 月 10 日至 10 月 10 日，该阶段气候如图 6.7 所示。自 7 月 10 日播种完成到 10 月 10 日 93 天观察期间，共有 8 次降雨，分别是 7 月 11 日、7 月 12 日、7 月 19 日、7 月 25 日、8 月 4 日、8 月 10 日、8 月 28 日和 9 月 3 日。

四种不同植物的发芽情况详细如下所述。

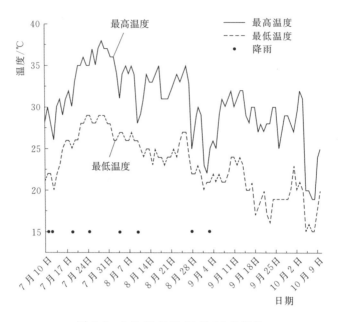

图 6.7　7 月 10 日至 10 月 10 日气候

1."百慕大"

（1）生长高度。预估发芽时间为播种后 7～12 天，但是由于 7 月 11 日和 7 月 12 日的连续降雨，水分充足，草种提前发芽，于 7 月 14 日（播种后第 4 天）发芽，如图 6.8 所示。发芽后生长速度较快，基本以每天 1cm 的生长速度在生长，在 7 月 22 日草秆高度已经有 9cm 左右。为了观察根系发展情况，在 7 月 22 日轻轻拔出，观察其根系在 4cm 左右，其根系图如图 6.9 所示。发芽后 9 天的生长效果如图 6.10 所示，"百慕大"生长状态见表 6.4。

图 6.8　"百慕大"草种发芽

98

图 6.9 7月22日根系状态图

图 6.10 7月15—22日"百慕大"生长状况

表 6.4 第一次植生试验"百慕大"生长状态

日期	7月10日	7月14日	7月15日	7月16日	7月17日	7月18日	7月20日	7月22日	7月30日
生长高度/cm	播种	发芽	3	4	5	6	7	8	10

（2）外观效果。"百慕大"生长期间，观察其外观，发现其叶子葱绿，生长状况良好。图 6.11 分别选取了 7 月 17 日以及 7 月 30 日的外观效果图。

(a)7 月 17 日　　　　　　　　　　　　　　(b)7 月 30 日

图 6.11　夏季植生试验"百慕大"外观效果图

（3）根系发展状况。9 月 1 日将所有混凝土试件挖出来，放置于地面上。10 月 10 日将"百慕大"以及土壤与混凝土试件分离，观察其根系情况，如图 6.12 所示。观察结果表明"百慕大"大部分根部都能够进入混凝土孔隙中。

图 6.12　夏季植生试验"百慕大"根系发展情况

2."马尼拉"

（1）生长高度。"马尼拉"在播种后的第 7 天发芽，第 29 天高度已经有 20cm 左右。"马尼拉"分支较多，生长速度不同，生长高度差异较大。8 月 10 日将"马尼拉"轻轻从土壤中拔出，观察其形态如图 6.13 所示。"马尼拉"生长高度不均匀，其生长状态见表 6.5，表里生长高度均是大部分植物生长高度较高的取值。图 6.14 分别为 7 月 17 日、7 月 30 日、7 月 31 日、8 月 4 日及 8 月 20 日的生长状态图。

图 6.13 "马尼拉"播种后第 30 天生长形态

表 6.5　　　　　　　　夏季植生试验"马尼拉"生长状态

日期	7月10日	7月17日	7月22日	7月30日	7月31日	8月2日	8月4日	8月7日	8月14日
生长高度/cm	播种	发芽	3	6	8	12	13	15	20

| (a)7月17日 | (b)7月30日 | (c)7月31日 | (d)8月4日 | (e)8月20日 |

图 6.14　夏季植生试验"马尼拉"生长状态

（2）外观效果。"马尼拉"于播种后第 7 天发芽，生长速度较快，草秆较高，分支较多，生长状况良好。图 6.15 选取 8 月 23 日"马尼拉"的整体外观图。

（3）根系发展情况。10 月 11 日，将"马尼拉"下部土壤轻轻拨出，可以观察到部分根系已经深入再生骨料透水混凝土内部孔隙，深入程度较高、根系较为发达。如图 6.16 所示。

图 6.15　夏季植生试验"马尼拉"外观效果图

图 6.16　夏季植生性试验"马尼拉"根系发展情况

3. "高羊茅"

"高羊茅"在播种后第 9 天，即 7 月 18 日发芽，但存活率极低，基本无生长。7 月 28 日、7 月 31 日、8 月 4 日、8 月 11 日以及 8 月 15 日生长状态图如图6.17 所示。

(a)7 月 28 日　　(b)7 月 31 日　　(c)8 月 4 日　　(d)8 月 11 日　　(e)8 月 15 日

图 6.17　夏季植生试验"高羊茅"生长状态图

4."狗牙根"

"狗牙根"存活率最低，发芽情况可忽略不计，基本可以认为没有存活。

综上所述，由于7月、8月总体降雨较少、气温较高。因此，"百慕大"和"马尼拉"发芽较快，发芽率高，生长速度较快，总体效果较好。播种后连续两天的小雨，使得土壤及透水混凝土充分湿润，这也是"百慕大"和"马尼拉"比预期发芽时间早的根本原因。在保证每天两次浇水的前提下，"百慕大"和"马尼拉"生长速度较快，生长情况良好。8月下旬，少量"百慕大"和"马尼拉"根部发黄，出现枯萎的迹象，加大浇水量后情况有所好转。在9月1日将所有混凝土试件挖出放到地面上后，根部发黄迹象有所加重，其中"百慕大"较为严重，在10月上旬左右枯萎更为加重。虽然"马尼拉"枯萎速度较慢，但最后还是出现了大范围的枯萎。而后停止浇水，使其自然干燥。最后观察其根系情况，而后开始冬季植生试验。冬季植生试验直接将混凝土试件放置于地面进行，与夏季试验形成对比，观察其生长状况。

6.2.3.2 冬季气候条件

为观测全气候环境下再生骨料透水土植生性能，试验还选取了冬季气候条件下进行试验观测。试验时间段选取10月14日至次年1月10日，气候条件如图6.18所示。

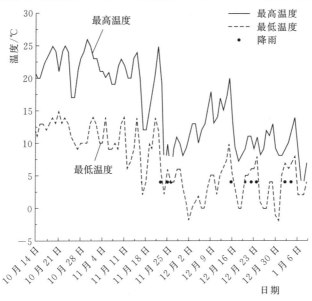

图6.18 10月12日至次年1月10日气候

四种不同植物的发芽情况详细如下所述。

（1）"百慕大"。"百慕大"在播种后第10天发芽，生长速度较快。整体效果和第一批相似。

（2）"马尼拉"。播种后一个月内"马尼拉"基本没有出现发芽的现象。在12月15日有少量草种发芽，综合一个月生长效果，可以认为基本无生长。

（3）"高羊茅"。"高羊茅"发芽率较高，发芽时间较晚，发芽后生长速度较慢。

（4）"狗牙根"。存活率低。

6.3 抗冲刷性能

6.3.1 生态护坡

6.3.1.1 生态混凝土护坡技术

透水混凝土作为环境友好型生态混凝土的一种，具有连续孔隙结构，拥有良好的透水与透气特性，植物能在其表面上直接生长，通过植被实现护坡功能。在水文方面，植被通过茎叶对雨水有一定的削弱作用，降低了雨水对土壤的冲击力，削弱了雨水的侵蚀功能，能够有效预防水土流失；在机械方面，植物的根系能够深入土壤，使得土壤和混凝土之间有一定的黏结力，能够提高土壤的抗张拉强度，提高土壤的滑移抵抗力（朱健，2009）。

1. 植物护坡与植物-工程复合护坡

植物护坡与植物-工程复合护坡的原理及特点见表 6.6。

表 6.6 　　　　植物护坡与植物-工程复合护坡的原理及特点

	植 物 护 坡	植物-工程复合护坡
原理	植被根系的力学效应（深根锚固和浅根加筋）和水文效应（降低孔压、削弱溅蚀和控制径流）	用工程措施与植物培养相结合，构建植物防护系统，通过植物的生长活动，达到根系加筋、茎叶防冲蚀的目的
特点	投资少，但护坡效果显著，社会效益和生态效益明显	效率高，可以调整以适应坡面不稳定变化，维持抗侵蚀能力，发挥护坡潜能。但对材料和施工水平要求较高

2. 生态混凝土护坡技术指标

生态混凝土护坡技术指标见表 6.7。

表 6.7 　　　　　　　　　生态混凝土护坡技术指标

系统分类	一级指标	二级指标	特 征 说 明
结构指标	生态混凝土	抗压强度	反映基质的坚实程度
		孔隙率	反映基质的保水供水能力
		有机质含量	反映基质的可持续利用能力
		稳定渗透率	反映基质的渗水能力强弱
		抗冲刷能力	反映基质的抗侵蚀性和耐久性
	植被	植被覆盖度	反应制备覆盖程度
		植被耐瘠薄性表现	根据外观表现划分
		植被抗旱性表现	反映植被对边坡锚固能力的大小

续表

系统分类	一级指标	二级指标	特 征 说 明
功能指标	防护功能	泥沙侵蚀量	反映系统的抗侵蚀防护能力
		单位面积植被平均抗拔力	反映了植被对边坡锚固能力的大小
	景观文化功能	景观美感度	根据直观表现人为划分

6.3.1.2　生态护坡试验段

对生态护坡建工程而言，需要同时满足生态性和经济性的要求。在生态性方面，在满足安全性的条件下，尽可能地使护坡生态化，为各种动植物创造适宜的生存条件，建立较为完善的水体生态系统。而护坡材料除选用施工性好、耐久性强、当地供应充足的材料外，还应选择有利于生态建设的新材料。在经济性方面，则需要根据本地区的自然条件、材料来源及施工条件等因素，确定技术经济合理的护坡结构型式。尽可能利用原有河道，减少拆迁和土方开挖等。

在实验室验证试验中，分别采用了普通土壤和普通复合肥以及直接覆土、播种、施肥的植生工艺。试验结果发现，"百慕大"在低温和高温的外部条件下都有较好的发芽率和存活率。试验结果还表明水分是影响其生长的重要因素。若能根据实际地区气候条件调整浇水频率，在实验室开展的植生试验数据可以为实地工程建设提供借鉴。

6.3.2　植生型透水混凝土护坡机理

随着现代化进程的加快，我国建设规模不断扩大，对自然环境破坏的程度也越来越大。为了修复人类建设和自然环境的关系，减轻我国建设与生态保护之间的矛盾，植生型透水混凝土进入人们的视野。在水土流失的问题上，植生型透水混凝土有着良好的防护效果。在应用范围上，植生型透水混凝土可用于公路、河岸坡面等护坡结构中。不仅能够达到良好的护坡效果，而且有着良好的生态效益。

6.3.2.1　再生骨料透水混凝土工作机理

在外界荷载的作用下，土壤结构容易被破坏。在雨水冲刷侵蚀后，会加大水土流失的可能性。作为一种边坡防护材料，再生骨料透水混凝土有以下优点：

（1）在外界荷载的作用下，再生骨料透水混凝土集料之间的胶结点会将荷载分散开来，然后进行传递。对于植生型透水混凝土来说，植生基材的存在将荷载进一步分散，这样土壤受到的集中荷载较少，能够有效防止水土流失的发生，有着良好的防护效果。

（2）在雨水侵蚀的作用下，覆盖在边坡土壤上的再生骨料透水混凝土，能够抵挡雨水的侵蚀作用。同时，再生骨料表面覆土种植植被后，有着良好的生态效果。

6.3.2.2　植被工作机理

植生型透水混凝土的植被，不仅能美化环境，还有着良好的生态效益；与此同时，植被的根茎叶在预防水土流失、减弱雨水对土壤的侵蚀作用等方面有着重要的作用。在护坡工程中，选取的植被应具有根系发达的特点，以保证其生存能力。

1. 根系的作用

土壤的抗剪强度对护坡的稳定性有很大的影响，这是因为其在外部荷载的作用下会产生剪切应力。植被的根系若有较好的生长，便能够深入土壤，成为一种天然的"加筋材料"，能够锚固土体，从而提高土壤的抗剪能力。一方面，植被根系与土壤之间存在的侧向约束力，能够进一步抵消外界荷载的作用。另一方面，土壤根系与土体之间的交互，能够增加土体的水稳定结构，当雨水冲刷侵蚀时，可以减少土壤的流失。总的来说，植被根系、土壤以及混凝土三者之间的共同作用，提高了护坡的稳定性和抗侵蚀性。

2. 茎叶的作用

雨水的作用下，护坡上的土壤会被侵蚀，严重时还会出现水土流失的现象。对于植生型生态护坡而言，土壤表面植被的茎叶作为雨水下落时的第一荷载点，能够分散并减弱雨水的动能，从而减弱雨水对土壤的直接作用力。与此同时，雨水经过植被茎叶的拦截后，对土壤的溅蚀作用也进一步减弱，能够有效地减少水土流失。

6.3.3　降雨冲刷模拟试验

6.3.3.1　试验方案

在植物生长 3 个月后，将植生型透水混凝土试件取出，同时将植物的高度统一修剪为 10cm，通过降雨冲刷模拟装置对其进行抗冲刷试验。根据试验现象观测测试植被及土壤的侵蚀情况。

由于冬季植生试验只有"百慕大"生长效果较好，因此降雨冲刷模拟试验暂时只能以"百慕大"为例。试验方案见表 6.8。其中，坡度的选取是以实际生态护坡试验段设计方案为依据。

表 6.8　　　　　　　　　降雨冲刷试验方案

坡面植物	坡度	出水管速度/(L/s)	降雨方式	降雨时间/min
"百慕大"	1：2.5	0.1008	模拟器降雨	10
				30
				60

试验步骤如下：

（1）将"百慕大"表面高度修剪为 10cm，而后将其放入装置的植生型试件容器中。

（2）调节坡度为试验坡度。

（3）打开出水管降雨模拟器，分别在 10min、30min、60min 观察试件表层土壤以及植被的侵蚀状况，观察储水箱内部被冲刷下来的土壤以及植被。

6.3.3.2 试验装置

试验改良了降雨冲刷模拟试验的装置，装置主要由 4 部分构成，分别为出水管降雨模拟器、植生型试件容器、储水箱以及可调节坡度板。降雨冲刷模拟试验装置如图 6.19 所示。

取重现期为 5 年，降雨历时为 60min，根据南京市暴雨强度公式（修订）查表计算得到暴雨强度 q 为 173.932 L/s·hm²，可以得到出水管雨量为 0.00108L/s。在实验过程中，出水管降雨模拟器出现故障，因此在实际试验过程中，采取了较为粗糙的水管模拟降雨。将软管接入自来水管，放置在距离植生型试件植物上方 50cm 处，手动移动出水管，实现全覆盖降雨。后续计算出出水管出水速度为 0.1008L/s。对比 0.00108L/s 的出水速度，认为这种形式的降雨，雨水的冲击力更大，认为试验结果能在一定程度上体现护坡的抗侵蚀能力。

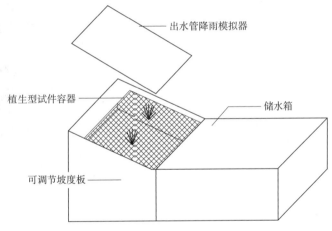

图 6.19　降雨冲刷模拟试验装置

6.3.3.3 结果与分析

如图 6.20 所示，冲刷试验进行到 10min 时，混凝土上部土壤和植被均无明显侵蚀，水箱中有少许土壤颗粒，并无植被被冲刷下去。如图 6.21 所示，试验进行到 30min 时，依然无明显的侵蚀现象，植被倾覆率变高。如图 6.22 所示，试验进行到 60min 时，依旧没有明显的侵蚀现象，植被倾覆状态如图 6.23 所示。保持试件于冲刷试验后的角度，而后持续观察植被倾覆状态是否能够恢复。冲刷试验过程中发现，在植被出现倾覆现象后，能缓冲高速下落的雨滴，消耗掉雨滴大量的动能，减轻雨滴对土壤的溅蚀，与植被工作机理描述相同。

图 6.20　冲刷试验 10min 破坏情况　　图 6.21　冲刷试验 30min 破坏情况

图 6.22　冲刷试验 60min 破坏情况　　图 6.23　冲刷试验 60min 植物倾覆情况

6.4　本　章　小　结

本章选取了四种草种，采用普通土壤和普通复合肥作为植生基材，对再生骨料透水混凝土的植生性进行研究，持续观察其在高温和低温甚至是寒冷天气中的生长状态。依照实际工程试验段项目设计护坡方案，设定坡度为 1∶2.5，出水管出水速度为 0.1008L/s，分别于 10min、30min、60min 观察试件表面土壤及植被侵蚀状态，对比储水箱情况。主要得到以下结论：

（1）"百慕大"在 0℃以上都有较高的存活率和良好的生长效率，其高度都能达到 15cm 以上；"马尼拉"在温暖乃至炎热情况下都有较高的存活率以及良好的生长效率，在10月下旬进入冬季后，发芽率和生长效率不理想；"高羊茅"和"狗牙根"在7月至次年1月这段时间，发芽率低，不适合作为再生骨料透水混凝土生态护坡的草种。

（2）水分的多少是草种发芽最为重要的因素之一，对"百慕大"而言，播种后几天水分越充足，发芽速度越快。综合两次植生性试验，认为"百慕大"是最为合适的草种之一。在生态护坡的建设中，再生骨料透水混凝土表面采取直接覆土、播种施肥的植生工艺，可以保证"百慕大"的存活率和发芽率。"百慕大"及种植土壤基本无侵蚀现象。冲刷10min后"百慕大"枝干倾斜，60min后倾覆角度较大，但没有植被流失的情况。对比水箱中水的浑浊程度发现，土壤基本无流失。

（3）模拟降雨试验3天后发现"百慕大"倾覆状态有所恢复，5天后观察期生长状态良好。进一步证明采取再生骨料透水混凝土表面直接覆土、施肥播种的植生工艺是可行的。"百慕大"茎叶良好的生长状况，能够有效抵挡雨水的冲击力，延缓降雨冲刷的力度。同时"百慕大"根系发达，能够有效的黏结土壤和再生骨料透水混凝土。结果表明"百慕大"型再生骨料透水混凝土生态护坡有着良好的水土保持功能。

第7章　再生骨料透水混凝土生态护坡力学响应及模拟

//

7.1　引　言

护坡结构面临的荷载工况复杂，结构变形和结构内力是工程设计与研究中必不可少的一部分。本章使用 ANSYS 软件的 APDL 模块，探讨台阶式 RAPC 生态护坡砌块在不同荷载下的动力响应，研究不同孔隙率、不同壁厚的块体在静荷载下的应力应变，对力学表现最佳的砌块继续进行模态分析和瞬态分析，进而得到其在自然状态下的固有频率、振型以及在冲击波类型的动荷载下的力学表现。

7.2　综合力学响应

本节使用 ANSYS 有限元分析软件对 RAPC 生态护坡结构的综合力学响应进行分析。

ANSYS 的基本思想是有限单元法，主要将连续体离散化为若干个有限大小的多面体单元，单元体之间仅靠节点连接，单元体内部点的值可由节点值通过函数关系插值求出。通过变分原理和加权余量法将原问题模型（基本方程、边界条件）等效为节点值的代数方程，联立成有限元矩阵（力矩阵、刚度矩阵）求解后即可得到连续体的力学数值近似解。

ANSYS APDL 分析的典型过程如下：

（1）建立有限元模型：建立或导入几何模型；定义材料属性和单元属性；划分网格建立有限元模型。

（2）施加荷载并求解：定义约束条件；施加荷载；设置分析选项并求解。

（3）查看分析结果。

7.2.1　材料参数确定

ANSYS 将材料类型分为线性和非线性。本试验研究的砌块为透水混凝土内充砂结构，外层的混凝土属于线性材料，基本参数包括孔隙率、弹性模量、密度和泊松比；内部填充的砂属于非线性弹性材料，即应力位移关系为非线性，但位移可以恢复。

混凝土的基本参数，即弹性模量、密度、入渗率、抗压强度和抗拉强度，被证明是关于孔隙度的函数。因此，孔隙度可以设定为控制参数，根据函数关系确定多孔混凝土的其他性能。有关孔隙率与抗压强度的函数已有许多研究，包括线性关系、幂关系、指数关系和对数关系，见表 7.1。

表 7.1　　　　　　　　　　　　孔隙率与强度可能存在的函数关系

研　究　学　者	函数关系	对应公式
Hasselmann（Hasselman et al.，2010）	线性	$f_c = f_{c0}(1 - mp)$
Balshin（Balshin，1949）	幂函数	$f_c = f_{c0}(1 - p)^n$
Ryshkevitch（Ryshkewitch，2010）	指数	$f_c = f_{c0}\,\mathrm{e}^{-mp}$
Schiller（Schiller，1971）	对数	$f_c = f_{c0}\ln(p_0/p)$

由于透水混凝土的内部构造与普通混凝土不同，孔隙率与强度的关系也会相应改变。为此，Lian（2011）进行了大量试验，并用统计学方法得出了透水混凝土强度与孔隙率的公式：

$$f_c = f_{c0}\sqrt{(1 - p)^m\,\mathrm{e}^{-np}} \tag{7.1}$$

式中　m、n——常数，可通过试验测定；

　　　f_{c0}——胶凝材料基质的抗压强度，MPa；

　　　p——混凝土的孔隙率；

　　　f_c——多孔混凝土的抗压强度，MPa。

基于响应面法对 RAPC 进行配合比优化后，测试的三组数据分别为 $p_1 = 0.326$，$f_{c1} = 17.7\mathrm{MPa}$；$p_1 = 0.355$，$f_{c1} = 13.0\mathrm{MPa}$；$p_1 = 0.291$，$f_{c1} = 20.6\mathrm{MPa}$。经验算，符合 Lian 提出的关系，且两个参数 $m = 33.47$，$n = -33.63$。

因此，本节中应用于生态护坡的 RAPC，其抗压强度与孔隙率的方程为

$$f_c = 32.5\sqrt{(1 - p)^{33.47}\,\mathrm{e}^{18.165p}} \tag{7.2}$$

根据 Ghafoori 等（1995）的公式进行弹性模量预测：

$$E(\mathrm{MPa}) = 0.0426 w^{1.5}\sqrt{f_c}$$

其中 $w(\mathrm{kg/m^3})$ 是透水混凝土的密度。由于密度也可以被孔隙率预测：

$$w = 2491 - 2550p \tag{7.3}$$

把抗压强度和密度的预测方程式（7.2）、式（7.3）带入弹性模量的方程中，最终的公式为

$$E = 0.0426(2491 - 2550p)^{1.5}\sqrt{32.5\sqrt{(1 - p)^{33.47}\,\mathrm{e}^{18.165p}}} \tag{7.4}$$

综上，对于给定的孔隙率，代入式（7.2）可以得到相应的抗压强度，代入式（7.3）可以得到混凝土的密度，代入式（7.4）可以得到弹性模量。

7.2.2　静力分析

在此节中，考虑砌块被竖立（底部全约束），内部和背面没有被砂子填满的情况。根据资料，砌块受到流体冲击时，冲击力等于从顶部 28kPa 线性变化到 26kPa 的均匀分布压力。混凝土砌块建模为空心实体结构。采用 shell181 单元。

材料的抗压强度、密度和杨氏模量均由预测方程得出（表 7.2）。建立的静力分析模型如图 7.1 所示。网格采取自由划分的四面体单元。全局坐标系中的 X 方向指垂直岸线方向，Y 方向为平行岸线方向，Z 方向为垂直底面向上。

影响砌块强度的三个因素是孔隙率、厚度和泊松比。透水混凝土的孔隙率一般为 $15\%\sim35\%$，因此此处考虑孔隙率分别为 15%、20%、25%、30% 和 35% 时，砌块的静力响应；本节所参照的越南生态护坡的实际外层混凝土壁厚为 9cm，然而 Goede 等（2009）的研究表明，混凝土的壁厚不应该小于 10cm，因此从安全的角度出发，砌块模型的外层混凝土壁厚分别为 10cm、12cm、14cm、16cm 和 18cm。泊松比对数值分析的影响很小，在静力分析及后续分析中都采用 0.22。

表 7.2　　　　　　　　　　不同孔隙率砌块的静力分析材料参数

孔隙率/%	抗压强度/MPa	密度/(g/cm³)	弹性模量/MPa
15	32.66	2108.5	23572
20	29.37	1981	20355.39
25	24.73	1853.5	16905.78
30	19.33	1726	13431.18
35	13.87	1598.5	10140.06

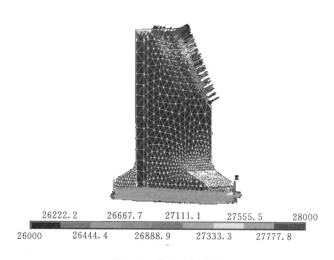

26222.2	26667.7	27111.1	27555.5	28000
26000	26444.4	26888.9	27333.3	27777.8

图 7.1　静力分析模型

7.2.2.1　孔隙率

由于应力仅取决于块体的施加载荷和几何形状，与孔隙率无关，因此选择位移响应评价孔隙率变化对所研究砌块的影响。表 7.3 列出了不同孔隙率、不同壁厚的砌块模型，在相同静力荷载下的最大位移响应。从表 7.3 中可以看出，砌块受到垂直海岸线方向的面压力时，X 方向的位移最大，为了直观地比较不同孔隙率时的变形大小（即位移大小），图 7.2 和图 7.3 分别给出了不同孔隙率时，模型沿 X 方向的最大位移和总位移的变化趋势，可以看出，混凝土的孔隙率对砌块的变形有显著影响，位移随再生骨料透水混凝土的孔隙率的增大逐渐上升，当孔隙率超过 25％时，位移急剧上升。综合考虑生态性、材料的强度、结构的稳定性，选择 20％的孔隙率进行砌块壁厚的分析。

表 7.3　　　　　　　　　不同孔隙率、不同厚度时砌块的最大位移值

孔隙率 /％	厚度 /m	X 方向最大 位移/mm	Y 方向最大 位移/mm	Z 方向最大 位移/mm	总位移 /mm
	0.1	0.32	0.106	0.072	0.323
	0.12	0.251	0.072	0.0578	0.253
15	0.14	0.206	0.051	0.048	0.208
	0.16	0.175	0.038	0.04	0.176
	0.18	0.152	0.029	0.035	0.153
	0.1	0.368	0.121	0.083	0.371
	0.12	0.289	0.082	0.067	0.291
20	0.14	0.237	0.059	0.055	0.239
	0.16	0.202	0.044	0.046	0.203
	0.18	0.175	0.034	0.04	0.176
	0.1	0.433	0.143	0.098	0.437
	0.12	0.34	0.097	0.078	0.342
25	0.14	0.279	0.063	0.065	0.281
	0.16	0.237	0.052	0.055	0.239
	0.18	0.205	0.04	0.047	0.206
	0.1	0.566	0.187	0.128	0.571
	0.12	0.444	0.127	0.102	0.447
30	0.14	0.365	0.091	0.084	0.367
	0.16	0.31	0.068	0.071	0.312
	0.18	0.269	0.052	0.061	0.27
	0.1	0.736	0.243	0.167	0.742
	0.12	0.578	0.165	0.133	0.581
35	0.14	0.475	0.118	0.11	0.478
	0.16	0.403	0.088	0.093	0.405
	0.18	0.349	0.068	0.08	0.351

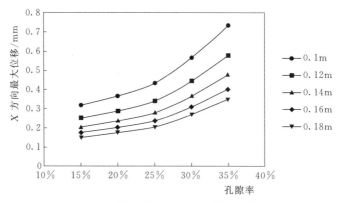

图 7.2　不同壁厚时 X 方向的最大位移

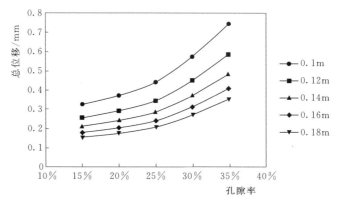

图 7.3　不同壁厚时砌块的总最大位移

7.2.2.2　砌块厚度

表 7.4 显示了砌块壁厚变化时各个方向的应力大小，图 7.4 为相应的变化趋势。从图 7.4 中可以看出，随着砌块的厚度增加，模型的变形减小。同时从表 7.4 中可以看出，砌块的应力随厚度的增加而减小。

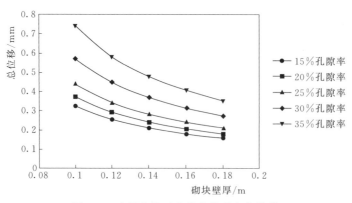

图 7.4　壁厚变化时砌块的位移变化趋势

表 7.4 不同壁厚的砌块在各个方向的应力响应

壁厚 /m	X 方向 压应力 /MPa	X 方向 拉应力 /MPa	Y 方向 压应力 /MPa	Y 方向 拉应力 /MPa	Z 方向 压应力 /MPa	Z 方向 拉应力 /MPa	应力强度 /MPa
0.1	0.778	1.15	0.487	0.635	1.17	1.59	1.95
0.12	0.631	0.927	0.356	0.496	0.96	1.29	1.56
0.14	0.523	0.762	0.286	0.396	0.813	1.07	1.27
0.16	0.44	0.636	0.246	0.323	0.7	0.895	1.07
0.18	0.391	0.539	0.22	0.269	0.608	0.763	0.9

但是当砌块的孔隙率为 20% 时，抗压强度为 29.37MPa，以此预测抗拉强度为 13.22MPa（$f_t = 0.45\sqrt{f_c}$），取安全系数为 1.4，允许拉应力为 9.44MPa，远大于结构静力分析后的应力强度。考虑节省材料和成本，选择砌块的最佳厚度为 10cm。

7.2.3 模态分析

混凝土的孔隙率和壁厚对 RAPC 生态护坡砌块的变形均有影响，根据静力分析的结果，选择孔隙率为 20%、壁厚为 10cm 的最佳砌块尺寸进行模态分析。

7.2.3.1 基本理论

ANSYS 中的模态分析是所有动态分析（包括瞬态分析）的基础。模态分析可以确定结构的振动特性，如固有频率、振型、振型参与系数（即在特定方向上某个振型在多大程度上参与了振动）、有效模态质量（即某一模态下结构参与振动的对应质量）。结构的振动特性仅与结构本身的尺寸、形式和材料有关，并不受外加荷载的影响。由于结构的振动特性决定结构对于各种动力荷载的相应情况，结构的固有频率与各阶振型是结构进行动力分析的必要参数，通过对比结构的固有频率与外部激励频率，可以预测评估结构是否发生共振，从而避免共振破坏（王国强，1999）。

ANSYS 模态分析假定结构是线性的，因此在模态分析中只有线性单元和线性材料是有效的，非线性性质将会被忽略。在分析中指定非线性单元与非线性材料后，软件会在计算过程中按线性单元与线性材料处理。由于结构的模态与结构的质量与刚度相关，因此在模态分析中必须指定材料密度和弹性模量。在 ANSYS 中模态提取的方法有 7 种：Block Lanczos 法（系统默认）、Subspace 法、Powerdymastics 法、Reduced 法、Unsymmetric 法、Damped 法和 QR Damped 法（SaeedMoaveni，2008）。Block Lanczos 法适用于大多数场合，是一种功能强大的方法，经常应用在实体单元或壳单元的模型中，可以很好地处理中大型模型（50000～100000 个自由度）；Subspace 法用于提取大模型的少数阶模态（40 阶以下），在具有刚体振型和约束时不建议采用这种方法；Powerdymastics 法用于提取巨大模型（100000 个自由度以上）的较少振型（20 阶以下），这种方法处理速度很快，但是单元不规则时可能不收敛；Reduced 法是所有方法中最快的，但是在结构抵抗弯曲能力较弱时不推荐使用；Unsymmetric 法适用于刚度和质量矩阵为非对称性的问题；Damped 法和 QR Damped 法适用于阻尼不能被忽略的情况。

通常来说，对结构动力反应贡献最大的是结构体系的前几阶固有频率。因此，在实际工程中，考虑那些贡献较大的前几阶固有频率即可满足要求，这使得求解计算的工作量大大降低。

7.2.3.2 模型与计算

根据实际应用情况，考虑砌块竖立（底部全约束），内部堆满砂的砌块，建立模型。由于混凝土的孔隙率为 20%，相应的密度为 $1981kg/m^3$，弹性模量为 $20355.39MPa$。混凝土的泊松比设为 0.22，与静力分析一致。考虑到模型内部的砂为现场填充，以海砂物理性质的平均值作为模型参数进行设置，即密度为 $1700kg/m^3$，变形模量为 $2 \times 10^7 Pa$，泊松比为 0.4，摩擦角为 $40°$，膨胀角为 $30°$，不考虑黏聚力（杨佳，2016）。外层混凝土与内部砂的接触方式设为面-面绑定接触。网格自由划分为四面体单元。

因为振动被假定为自由振动，所以外部荷载将被忽略，模态分析中唯一有效的"荷载"是零位移约束。本书选用 Block Lanczos 法，该方法精度高，收敛速度快，适用于提取大模型的多阶模态。提取结构体系的前十阶频率一般可以满足工程需要，因此模态提取数目为 10，由于要在后处理中观察振型，需要进行模态扩展的操作，选择扩展模态的数目和模态提取数目相等，为 10。

7.2.3.3 结果与讨论

模态分析的结果见表 7.5。结构的实际振动情况是一些独立的谐振的耦合。通过"解耦"，可以分解出独立的振型，即模态。从表 7.5 可以看出，振型 2 在 X 方向上的振型参与系数为 108.18，远大于其他振型在这个方向的系数，其有效模态质量为 11703.3，占 X 方向上总有效质量 14360.9 的 81.49%，意味着假如荷载是沿着 X 方向作用，那么第二阶模态的贡献较大；Y 方向上振型 1 的振型参与系数最大，当荷载作用方向是 Y 方向时，第一阶模态的贡献最大。Z 方向上振型 5 对模型的最终振型影响较大，但振型 4、振型 8、振型 9、振型 10 也有一定的参与程度，这意味着当荷载方向是 Z 方向时，结构的振动较为复杂，各个振型均有一定的耦合参与程度。

表 7.5 RAPC 生态护坡砌块的结构振型特性

振型	频率 /Hz	振型参与系数			有效模态质量			模态位移
		X 向	Y 向	Z 向	X 向	Y 向	Z 向	
1	12.5960	−3.9995	115.00	1.3372	15.9963	13225.7	1.78810	0.014124
2	26.3167	108.18	5.1405	7.6627	11703.3	26.4246	58.7162	0.014187
3	31.0103	−3.0278	18.768	−5.4966	9.16754	352.240	30.2128	0.019468
4	40.4456	45.201	2.6661	−35.696	2043.16	7.10824	1274.20	0.034742
5	42.8448	2.7648	−3.2658	86.403	7.64415	10.6657	7465.47	0.027345

续表

振型	频率/Hz	振型参与系数			有效模态质量			模态位移
		X 向	Y 向	Z 向	X 向	Y 向	Z 向	
6	46.1756	5.9976	−54.229	−1.3549	35.9717	2940.77	1.83580	0.019420
7	47.2676	15.194	13.988	10.123	230.845	195.666	102.467	0.033788
8	49.1850	8.8607	1.7536	−22.238	78.5112	3.07529	494.537	0.024239
9	53.3066	14.732	3.0541	28.160	217.043	9.32758	792.967	0.030742
10	54.0290	4.3837	4.8975	−22.238	19.2172	23.9855	494.524	0.031603

提取模型的前十阶振型，如图 7.5 所示。模型的前十阶振型主要表现为体系在 Y 方向上的运动（Y 方向为平行海岸的方向），这是由于研究的混凝土砌块为

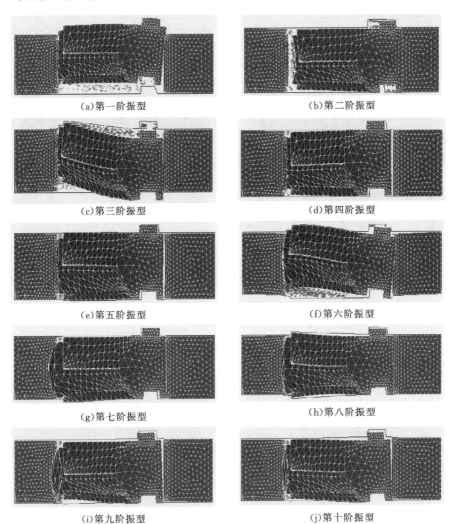

(a)第一阶振型　(b)第二阶振型
(c)第三阶振型　(d)第四阶振型
(e)第五阶振型　(f)第六阶振型
(g)第七阶振型　(h)第八阶振型
(i)第九阶振型　(j)第十阶振型

图 7.5　提取模型的前十阶振型

联锁元件，数值模拟时没有给出相邻元件对结构的约束。振型主要是堤身上部整体结构的移动，这说明结构的刚性较好，抵抗变形的能力强。此外，第三阶振型和第六阶振型均发生了弯曲扭转现象，这表示这两阶振型受结构整体的刚度影响大。

由于阻尼的存在，结构的振动伴随着能量的耗散，从而振动会不断地衰减直至停止。结构在振动中能量耗散的性能就是结构阻尼特性，这是衡量结构振动性能的一个重要因素。因此在模态分析中常会分析阻尼。结构的阻尼值比较离散，影响阻尼大小的因素有结构尺寸、型式、材料及荷载组合方式等。ANSYS APDL 提供了 7 种阻尼，即瑞利阻尼、模态阻尼、材料阻尼、单元阻尼、长阻尼比、材料常阻尼系数以及材料结构阻尼系数，一般常用的是瑞利阻尼。它是由结构的质量矩阵与刚度矩阵按比例组合构造而成，为全局性结构阻尼，适合于结构的整体动力分析。瑞利阻尼的质量矩阵部分代表环境对结构振动产生的阻碍作用，刚度矩阵部分反映了材料对振动的阻滞大小，同时也表示振动中结构产生的应力不仅与应变有关，也与材料的应变率有关（胡成宝 等，2017）。瑞利阻尼模型只需要 2 个材料参数就可以反映出环境和材料对结构动力响应的阻碍特性，非常简单方便，因而在结构分析中被广泛应用，但是需要指出的是，瑞利阻尼是针对于某一频段确定的，在选取的频段外的振动部分会被抑制，这使瑞利阻尼的值小于实际值，如果这一部分是可以被忽略的，瑞利阻尼的计算结果可取，但是如果这一部分存在对结构设计有影响的分量，采用瑞利阻尼可能导致结构不安全。

式（7.5）为瑞利阻尼的组合公式：

$$[C] = \alpha [M] + \beta [K] \tag{7.5}$$

其中

$$\alpha = \frac{2\omega_i \omega_j (\zeta_i \omega_j - \zeta_j \omega_i)}{\omega_j^2 - \omega_i^2} \tag{7.6}$$

$$\beta = \frac{2(\zeta_i \omega_j - \zeta_j \omega_i)}{\omega_j^2 - \omega_i^2} \tag{7.7}$$

式中　　α、β——瑞利阻尼系数；

ω_i、ω_j——结构第 i 阶和第 j 阶的圆频率；

ζ_i、ζ_j——结构第 i 阶和第 j 阶的阻尼比，在工程中，混凝土结构一般取阻尼比为 0.05。

为了保证两个振型范围可以覆盖结构分析中的较敏感的频段，同时第十阶振型后频率变化不大，取第一阶振型和第十阶振型的圆频率，分别为 79.143rad/s 和 339.4742rad/s。代入上式中，计算得出瑞利阻尼系数为 $\alpha = 6.418037$，$\beta = 0.000239$。

随着 α 或 β 的增加，应变振动幅值减少，响应滞后，比较而言，β 的影响更明显。在基准瑞利阻尼系数附近，α 的变化对动力响应的影响远小于 β 的变化，材料阻尼是主要的结构能量耗散源。本书选取的模型计算出的瑞利阻尼系数较小，对后续瞬态分析的影响不大，考虑到增加结构的安全性，瞬态分析不设阻尼系数。

7.2.4 瞬态分析

结构瞬态分析一般用于确定结构在承受随时间变化荷载的动力响应，如冲击荷载和突加荷载等。由于波浪对结构产生的冲击作用具有较强的动力效应，从初始冲击到达到冲击作用最大值的时间很短，因此需要分析在波浪冲击作用下的结构瞬态动力反应（孟涛，2016）。

7.2.4.1 基本理论

瞬态分析是 ANSYS 结构动力分析的一种。ANSYS 对于结构瞬态分析有三种方法：完全法（Full）、缩减法（Reduced）和模态叠加法（Mode Superposition）（王国强，1999）。完全法的系统矩阵没有被缩减，在三种方法中功能最强，具有如下优点：①不用选择振型或主自由度，容易使用；②可以包括各种结构非线性特征（包括几何非线性、材料非线性和结构非线性）；③计算时使用完整矩阵，计算过程不涉及近似质量矩阵；④可以在一次处理过程中计算出结构所有的位移和应力。完全法的缺点是其计算成本较高，同时耗时较长。缩减法将主自由度和矩阵缩减，压缩问题规模，降低计算成本。缩减法先计算出主自由度的位移，然后把解扩展到完整自由度，得到整体空间的位移和应力。缩减法的特点是不能施加压力、温度等单元荷载，但是可以施加加速度；荷载不能施加在几何模型上，只能施加在主自由度上；采用缩减法的瞬态分析过程中必须保持恒定的时间步长，不能使用自动时间步；除点－点接触可以是非线性外，其余所有因素都必须是线性的。模态分析得到振型后（特征值），振型乘以系数并求和得到结构的瞬态响应的方法是模态叠加法。模态叠加法的优点主要有三个：一是在一般情况下它是三种方法中计算速度最快的，并且可以产生更平顺、更准确的响应曲线图；二是可以将预应力包含在模拟过程中；三是在瞬态分析中可增加振型阻尼的影响。模态叠加法和缩减法的缺点类似，都是在分析过程中必须采用恒定的时间步长，不能设置自动时间步，只有简单的点－点接触可以是非线性的。此外，模态叠加法的位移响应效果较好，但应力响应结果较差。

7.2.4.2 模型与计算

瞬态分析的模型与模态分析的模型一致，采用完全法进行分析，为扩大安全性，不设阻尼系数。模型所受到的两种冲击波荷载如图 7.6（a）和（b）所示，根据作用时间的长短，可看作是长时间冲击波（Ⅰ型）和短时间冲击波（Ⅱ型）。这两种荷载来自于 Hofland 等（2012）的实验记录，本书根据静力分析中砌块所承受的荷载大小对文献中的两种冲击波荷载进行了相应地降低处理，即冲击波荷载的最大冲击力降为 28kPa，其余时间的荷载也等比例缩小。

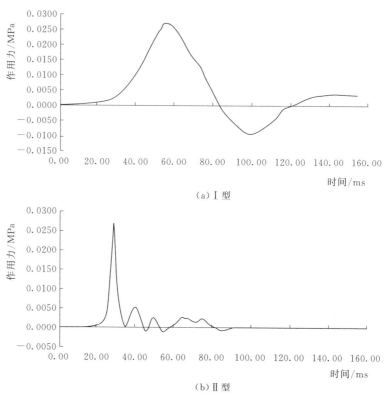

（a）Ⅰ型

（b）Ⅱ型

图 7.6　瞬态分析冲击波

7.2.4.3　结果与讨论

　　两种冲击波荷载下的最大压应力响应如图 7.7（a）和（b）所示。瞬态分析的结果表明，Ⅰ型冲击波虽然作用时间较长，但最大压应力随时间的变化削减较快，砌块在受力过程中产生的最大应力为 1.029MPa；Ⅱ型冲击波为短时间冲击波荷载，冲击力更集中，所引起的砌块应力持续时间长，砌块产生的最大应力为 1.233MPa。与静态分析相比（最大应力为 0.906MPa），Ⅰ型冲击波应力高出 13.4%；Ⅱ型冲击波应力高出 36.1%。因此，结构受到动态荷载时，对砌块强度的要求比静态荷载更高，且短时间冲击波比长时间冲击波荷载的影响大。但是与再生骨料透水混凝土的强度相比，两种情况下的最大应力响应都较小。

　　为比较这两种冲击波对块体的振动影响，选择块体变形的中心区域的节点进行位移—时间曲线对比，如图 7.8（a）和（b）所示。可以看出长时间冲击波（Ⅰ型）引起的砌块变形大（最大位移响应 1.4×10^{-9} m），并且长时间冲击波的位移响应振幅大于短时间冲击波，但是短时间冲击波（Ⅱ型）引起的块体振动持续时间较长，可能导致疲劳问题。

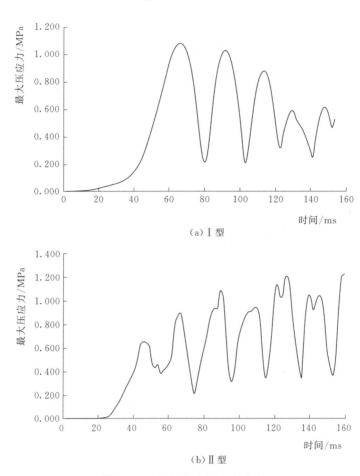

（a）Ⅰ型

（b）Ⅱ型

图 7.7　冲击波最大压应力响应

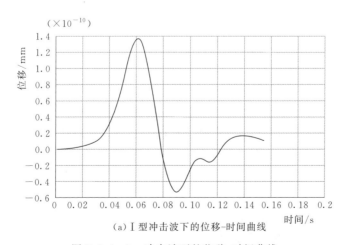

（a）Ⅰ型冲击波下的位移-时间曲线

图 7.8（一）　冲击波下的位移-时间曲线

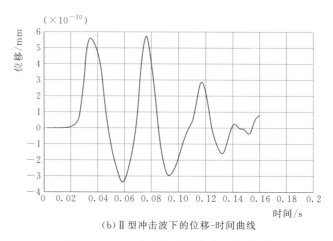

(b)Ⅱ型冲击波下的位移-时间曲线

图 7.8（二）　冲击波下的位移-时间曲线

7.3　波与模型相互作用

护坡在设计过程中，必须考虑波浪与建筑物的相互作用。在流体冲击作用下，护坡结构除了受到外界波流场的水动力直接作用外，水体还会通过护坡的缝隙进入到护坡内部，形成复杂的内部流场，从而形成内压力，在巨大的内外压差作用下，很有可能造成护坡结构的坍塌滑坡等破坏。RAPC 作为一种新型生态材料应用到护坡时，内部连通孔隙会使 RAPC 生态护坡成为一种透水型护坡，此时的结构不能单纯看作固相，而是一种固相与液相相结合的多相体，即成为一种多孔介质。为研究 RAPC 生态护坡特殊的孔隙结构对波浪作用的影响，本节采用 ANSYS Workbench Fluent 软件（以下简称 Fluent）对 RAPC 生态护坡砌块与相同结构的普通混凝土砌块进行模拟，对比相同波浪荷载的条件下，两种砌块表面的压力和流速分布。

7.3.1　计算流体力学概述

计算流体力学（computational fluid dynamics，CFD）是一种通过计算机对包含有流体流动和热传导等相关物理现象的系统进行数值计算和图像显示的方法，它的基本思想是把原来在时间域及空间域上连续的物理场（如速度场和压力场）转换为有限离散点上的场变量的集合，并通过一定的原则和方法建立并求解这些离散点场变量构成的代数方程组，从而获得整个连续物理场的解的近似值（王福军，2005）。

CFD 分析的主要方法是流动基本方程（质量守恒方程、动量守恒方程、能量守恒方程），通过在这些方程的基础上改变某一项或某几项建立不同复杂流动的数学模型，求解后可以得到极其复杂问题的流场内各个位置的基本物理量（如速度、压力、温度、浓度等）的分布，以及这些物理量随时间的变化情况。

CFD具有很强的适应性和广阔的应用领域。首先，流体问题的控制方程一般是非线性的，包含很多自变量，并且流体域的流场情况和边界条件复杂，不借助计算机很难求得解析解；其次，计算机进行数值模拟时可以通过简单改变参数实现不同的试验效果，进行方案比较时耗时耗力小，例如设置不同的流动参数可以检验物理方程中的各项有效性和敏感性；再者，物理模型和实验模型受场地限制、制作和测量技术的影响，很难模拟一些真实的特殊条件，CFD有很大的灵活性，可以简单实现实验无法达到的理想条件。

CFD也存在一些缺点。首先，数值解法是一种近似的离散化计算方法，并不能真实反映流场内的复杂流动，存在误差是必然的，并且有可能因为离散化的不合理使误差较大；其次，CFD的最终计算结果不是解析表达式，不能获得流场内任意点的数值解；再次，CFD的直观性不如物理实验，它不像物理模型实验一开始就能给出流动现象并定性地描述，往往需要由原体观测或物理模型试验提供某些流动参数，并需要对建立的数学模型进行验证；最后，CFD在分析过程中，往往对一些流动条件进行简化，这对结果的真实性造成不利影响，一些数值模拟甚至会出现数值黏性和频散等伪物理效应。

CFD的离散化方法主要有三种：有限差分法（finite difference method，FDM）、有限元法（finite element method，FEM）和有限体积法（finite volume method，FVM）。它们的主要区别在于对控制方程的离散方式不同。其中有限体积法是目前应用最广的一种方法，典型代表是Fluent。

7.3.2 Fluent 的基本理论

Fluent能够建立复杂三维空间中流体运动的数学模型，进而完善相关理论及试验研究。通常在复杂流场的情况下，测量全部流场范围的详细信息往往很困难，甚至不可能，而Fluent能够通过设置参数模拟实际流动，具有可操作性强、费用少的优点。

Fluent软件的基本思想是有限体积法，它的离散化方法是划分网格形成控制体，在控制体的节点建立积分形式的守恒方程。子区域法加上离散化就是有限体积法的基本思想。控制所有流体流动的基本定律是：质量守恒定律、动量守恒定律和能量守恒定律。由它们分别导出连续性方程、动量方程（N-S方程）和能量方程。这些方程的具体参数由模型的几何形状和尺寸、流体域的进出口及边界条件确定（刘斌，2014），将待解的微分方程对每个控制体积积分，从而得到一组离散方程，其中的未知数是控制体节点上的因变量，离散方程的物理意义是因变量在有限大小的控制体积中的守恒原理。

Fluent采取的数值求解方法为有限体积法。有限体积法又称控制体积法，是将计算区域划分为网格，并使每个网格点周围有一个互不重复的控制体积，将待解的微分方程对每个控制体积积分，从而得到一组离散方程，其中的未知数是网格节点上的因变量，子域法加离散就是有限体积法的基本思想。离散方程的物理意义是因变量在有限大小的控制体积中的守恒原理。

三维对流扩散方程的守恒型微分方程如下：

$$\frac{\partial(\rho\varphi)}{\partial t} + \frac{\partial(\rho u\varphi)}{\partial x} + \frac{\partial(\rho v\varphi)}{\partial y} + \frac{\partial(\rho w\varphi)}{\partial z} = \frac{\partial}{\partial x}\left(K\frac{\partial\varphi}{\partial x}\right) + \frac{\partial}{\partial x}\left(K\frac{\partial\varphi}{\partial y}\right) + \frac{\partial}{\partial x}\left(K\frac{\partial\varphi}{\partial z}\right) + S_\varphi$$

$$\text{(7.8)}$$

式中　φ——对流扩散物质函数，如温度、浓度等。

上式用散度和梯度表示：

$$\frac{\partial}{\partial t}(\rho\varphi) + \mathrm{div}(\rho u\varphi) = \mathrm{div}(K\,\mathrm{grad}\varphi) + S_\varphi \tag{7.9}$$

将式（7.9）在时间步长 Δt 内对控制体体积 CV 积分，可得

$$\int_{CV}\left(\int_t^{t+\Delta t}\frac{\partial}{\partial t}(\rho\varphi)\,\mathrm{d}t\right)\mathrm{d}V + \int_t^{t+\Delta t}\left(\int_A n\cdot(\rho u\varphi)\,\mathrm{d}A\right)\mathrm{d}t$$

$$=\int_t^{t+\Delta t}\left(\int_A n\cdot(K\,\mathrm{grad}\varphi)\,\mathrm{d}A\right)\mathrm{d}t + \int_t^{t+\Delta t}\int_{CV}S_\varphi\,\mathrm{d}V\mathrm{d}t \tag{7.10}$$

式中　A——控制体的表面积，散度积分已用格林公式化为面积积分。

列出计算域上所有相邻 3 个节点上的方程，可形成求解域中所有未知量的线性代数方程，给出边界条件后可求解代数方程组。Fluent 常用的求解方法有三种，分别是 SIMPLE 算法、SIMPLEC 算法和 PISO 算法。

SIMPLE 算法是 Fluent 默认的流场计算方法，它的基本思想是"猜想-修正"，先在交错网格的基础上假设初始压力场的分布，根据压力场求解动量方程，得到速度场，若不收敛，把由动量方程的离散形式所规定的压力与速度的关系代入连续方程的离散形式，求解连续方程得到压力场的修正方程，从而得到压力修正值，用修正后的压力值作为压力场，不断迭代、修正，直到获得收敛的速度场。SIMPLEC 算法是在 SIMPLE 算法的基础上进行通量修正，基本思路是一致的，只是压力修正方程中的一些系数不同，可以加快计算的迭代、收敛速度。这两个算法的缺点是需要对压力场进行不断修正，必须做大量的重复计算，直至找到满足动量平衡条件的压力场和速度场。PISO 算法是 SIMPLE 算法族的一部分，但是和前两个方法相比增加了修正步，即两个校正：相邻校正和偏斜校正，整体计算过程分为三步：一是对压力场进行预测，二是利用求解的速度场修正压力场，三是在修正的基础上进行两个校正。这样做的优点是移除 SIMPLE 和 SIMPLEC 算法达到收敛所需的迭代过程，极大地减少了计算量，提高了计算效率，缺点是每步迭代对计算机内存的要求更高。PISO 算法对于瞬态问题有明显优势，而 SIMPLE 或 SIMPLEC 更适合稳态问题。

7.3.3 多孔介质的相关理论

多孔介质是多相物质在同一空间共存的一种组合体，基本骨架由固体物质搭建，骨架分隔出的空间称之为孔隙，孔隙部分填充的物质可以是气体或液体，也可以是气液混合的流体。多孔介质的固相骨架和孔隙均匀遍布在整个介质中，相对于其中任意一相来说，其他相都弥散其中（任顺华，2019），并且多孔介质的孔隙大部分是连通的，流体能够在孔隙之间互相流动。无论是天然或人造，多孔介质的结构非常复杂并且没有规律，因此很难对多孔介质进行精准的数学描述或模型建立，一般只能通过一定意义下的平均值对多孔介质的性质进行定义。

7.3.3.1 动量方程处理

多孔介质模型的动量方程分为表观速度和物理速度两种。在默认情况下，Fluent 使用基于表观速度的动量方程，表观速度是按多孔介质区域的体积流量率计算的，能够较好地模拟多孔介质内部的压力损失，但是它将多孔介质区域与非多孔介质区域的交界处的速度也处理成一样大小，不能反映实际速度在流经这两个区域所引起的动量变化，不利于结果的计算精度。表观速度除以多孔介质的孔隙率即为物理速度。为模拟多孔介质区域对流体流动的阻力，多孔介质模型在动量方程中增加了一个黏性损失项，这个黏性损失项由两部分组成，即 Darcy 黏性阻力项和惯性损失项：

$$S_i = -\left(\sum_{j=1}^{3} D_{ij} \mu v_j + \sum_{j=1}^{3} C_{ij} \frac{1}{2} \rho \, |v| v_j \right) \cdots (i = x, y, z) \tag{7.11}$$

式中　S_i——第 i 个（x、y 或 z 方向）动量方程中的惯性损失项；

　　D、C——黏性阻力系数矩阵和惯性阻力系数矩阵。

模型中负的项又被称为"汇"，动量汇产生一个在单元上与流体速度或速度平方成正比的压力降。

为了简化计算，假设多孔介质为各向同性、均匀的刚性介质，将 D 和 C 分别定义为以 $1/\alpha$ 和 C_2 为对角单元的对角矩阵，此时式（7.11）可以简化为

$$S_i = -\left(\frac{\mu}{\alpha} v_i + C_2 \frac{1}{2} \rho \, |v| v_i \right) \cdots (i = x, y, z) \tag{7.12}$$

式中　α——多孔介质的渗透率；

　　C_2——惯性阻力系数。

1. 多孔介质的 Darcy 定律

在流过多孔介质的层流中，压力降正比于速度，常数 C_2 可以设为零，忽略对流加速和扩散项，多孔介质就简化为 Darcy 定律：

$$\nabla p = -\frac{\mu}{\alpha} \vec{v} \tag{7.13}$$

Fluent 在 x、y、z 三个坐标方向计算出的压力降为

$$\Delta p_x = \sum_{j=1}^{3} \frac{\mu}{\alpha_{xj}} v_j \Delta n_x \\ \Delta p_y = \sum_{j=1}^{3} \frac{\mu}{\alpha_{yj}} v_j \Delta n_y \\ \Delta p_z = \sum_{j=1}^{3} \frac{\mu}{\alpha_{zj}} v_j \Delta n_z \right\} \tag{7.14}$$

式中　　　　$1/\alpha_{ij}$ ——式（7.11）中的 D；

$\quad\quad\quad\quad v_j$ —— x、y、z 三个坐标方向的速度分量；

Δn_x、Δn_y、Δn_z ——多孔介质在 x、y、z 三个坐标方向的真实厚度。

如果计算中所使用的厚度值不等于真实厚度值，则需要对 $1/\alpha_{ij}$ 做出调整。

2. 多孔介质中的惯性损失

在流速很高时，式（7.12）中的常数 C_2 可以对惯性损失做出修正。C_2 可以被看作流动方向上单位长度的损失系数，这样就将压力降变为动压头的函数。

当多孔介质是多孔板或管道阵列，项略去渗透项只考虑惯性损失，多孔介质方程简化为

$$\nabla p = -\sum_{j=1}^{3} C_{2xj} \left(\frac{1}{2} \rho v_j v_{mag} \right) \tag{7.15}$$

其分量形式为

$$\Delta p_x \approx \sum_{j=1}^{3} C_{2xj} \Delta n_x \frac{1}{2} \rho v_j v_{mag} \\ \Delta p_y \approx \sum_{j=1}^{3} C_{2yj} \Delta n_y \frac{1}{2} \rho v_j v_{mag} \\ \Delta p_z \approx \sum_{j=1}^{3} C_{2zj} \Delta n_z \frac{1}{2} \rho v_j v_{mag} \right\} \tag{7.16}$$

7.3.3.2　能量方程处理

能量守恒定律是流体流动与传热的基本定律，流体的能量是内能、动能和势能的总和，为体现出多孔介质的存在对能量方程的影响，在能量守恒方程中对对流项的计算采用有效对流函数修正，并在时间导数项中增加了固相物质对多孔介质的热惯性效应，修正对流项和时间导数项的多孔介质能量守恒方程为

$$\frac{\partial}{\partial t} (\gamma \rho_s E_f + (1-\gamma) \rho_s E_s) + \nabla [\vec{v}(\rho_f E_f + p)]$$

$$= \nabla \cdot \left(k_{eff} \nabla T - \left(\sum_j h_j \vec{J_j} \right) + \overline{\overline{\tau}} \cdot \vec{v} \right) + S_f^h \tag{7.17}$$

式中　E_f——流体总能；

$\quad\quad E_s$——多孔介质固相总能；

$\quad\quad \gamma$——孔隙率，即多孔介质区中流体的体积分数，也就是介质中气液两相所占的比例；

S_f^h ——流体焓的源相；

k_{eff} ——多孔介质的有效传热系数，Fluent 中将其处理为流体传热系数 k_f
与多孔介质中固相物质的传热系数 k_s 的体积加权平均：

$$k_{eff} = \gamma k_f + (1 - \gamma) k_s \qquad (7.18)$$

7.3.3.3 湍流处理

流体的流动状态有湍流和层流两种，多孔介质内的流体流动情况复杂，雷诺数大于 300 时，流体流动就会呈现出湍流状态，因此，多孔介质内的孔径在毫米级别时，流体流动速度不到 1m/s 就会处于湍流流动。在缺省情况下，Fluent 在多孔介质的计算中通过对标准守恒型方程的求解实现对湍流变量的计算。在计算时，通常假定固相材料不会对湍流的生成和耗散产生影响。多孔介质的渗透率较大时，介质的几何尺度对湍流结构不会造成太大影响，上述的假设是成立的。

7.3.4 模型建立与计算

Fluent 的求解过程包括 5 个步骤：①分析并建立适宜所研究问题的物理模型，确定空间影响范围（流体域大小），并将其抽象成数学模型，分析包含的力学问题与方程；②建立所研究几何体和流体域的数值分析模型，并对整个计算区域进行网格划分，检验网格精度并做适当调整；③设置流体域的速度、压力出入口、边界条件、气液相划分；④针对模型特点选择适当的求解器与算法，检查模型整体网格及边界条件设置，对模型初始化后设置具体的图像显示参数、控制求解过程、计算精度和保存步长；⑤读取计算结果文件，显示模型求解结果并进行分析。这也是 Fluent 求解流体力学问题的基本思想。

图 7.9 为研究使用的 ANSYS Workbench Fluent 分析结构。将 ANSYS AP-DL 中的模态分析模型存为 .iges 格式文件，在 ANSYS Workbench 中的 Mash 板块打开，利用 Design Modeler 画出流体域，设置流体域大小如图 7.10 所示，水深 3m，上方的空气为 8.5m。并划分成四面体网格（网格大小设为 0.1m）。

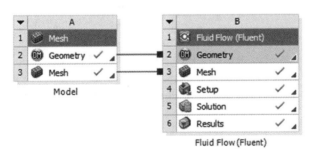

图 7.9　分析流程图

在 Fluent 板块中的 Setup 进行仿真设置，首先把模型设置为瞬态模型，默认空气压强为一个大气压，由于流体域有气相和液相两种，打开多相流设置中的 VOF 模型和 BC Wave 模型，启动 Body Force 并且表面不要弥散，相与相之间的

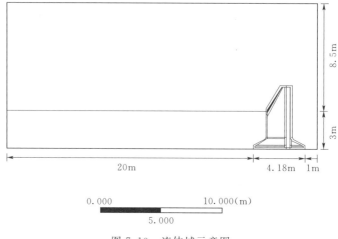

图 7.10　流体域示意图

交互不使用表面张力，速度方程使用默认的 Laminar 模型。流体域的左边界气相部分和整个流体域的顶部边界均为压力型进口，边界参数为默认设置；流体域的左边界液相部分设为速度型进口，波浪使用短重力波，自由液面高度为 3m，波高 1m，波长 10m，相应的流体域边界打开 Open Channel，自由液面高度 3m，底部液面高度 1m。流体域和边界条件设置好后进行混合初始化，设置时间步长为 0.01s，使用 SIMPLE 算法计算 1000 个时间步长的数值模拟。

　　为比较使用 RAPC 对生态护坡的影响，在流体域沿模型轮廓单独划分出多孔介质区域再进行一次计算（图 7.11），比较两次计算砌块模型表面的流速和压力分布情况。

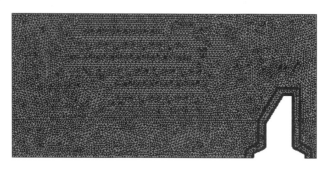

图 7.11　添加多孔介质区域后的模型

7.3.5　结果与讨论

7.3.5.1　表面压力分布

　　图 7.12（a）～（f）显示了 RAPC 生态护坡砌块与普通混凝土砌块的表面压力数值模拟情况。$T = 1s$ 时，透水混凝土砌块的最大表面绝对压力为 $1.5 \times 10^5 Pa$，最小绝对压力为 $8.53 \times 10^4 Pa$，普通混凝土砌块的表面最大绝对压力为

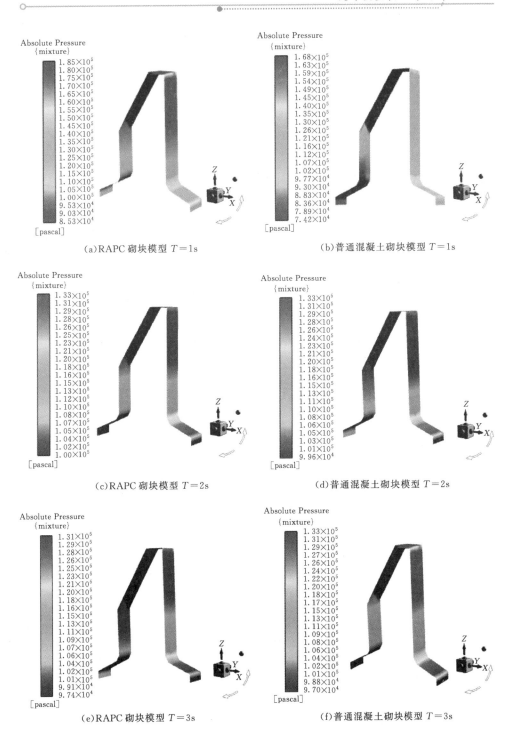

图 7.12　砌块模型

$1.68×10^5$ Pa，最小绝对压力为 $7.42×10^4$ Pa，这意味着使用 RAPC 作为筑堤材料后，最大压力降低了 10.71%，但最小压力比使用普通混凝土砌块时大。$T=2s$ 时，RAPC 砌块模型和普通混凝土砌块模型的最大压力均为 $1.33×10^5$ Pa，最小压力分别为 $1.0×10^5$ Pa 和 $9.96×10^4$ Pa，同样地，最小压力没有降低。然而，$T=3s$ 时，RAPC 砌块模型和普通混凝土砌块模型的压力分布情况表明最大压强和最小压强均降低。总的来说，RAPC 可以降低砌块模型表面的最大压力，但降低最小压力的作用不明显。

7.3.5.2 流体域的流速分布

表 7.6 为相同波浪条件下，RAPC 砌块模型与普通混凝土砌块模型所在的流体域的流速对比。从表 7.6 可以看出，RAPC 砌块所在流体域的最大流速和最小流速均比普通砌块所在的流体域小，$T=1s$ 时流速降低率达 10.36%，此后流速虽然减小，但减小效果越来越不明显。以 $T=3s$ 为例分析护坡模型中间剖面的流速分布情况。如图 7.13 所示，护坡上的流速最大位置均出现在护坡迎水面斜面与垂直面的交界处，护坡表面其他位置流速较低。

表 7.6   **不同时刻的流体域流速对比**

时刻	RAPC 砌块模型流体域最大流速/(m/s)	普通混凝土砌块模型流体域最大流速/(m/s)	流速降低率/%
$T=1s$	9.95	11.1	10.36
$T=2s$	9.22	10.0	7.80
$T=3s$	9.37	9.6	2.40

Velocity Magnitude
{mixture}

| 9.37 |
| 8.90 |
| 8.43 |
| 7.96 |
| 7.49 |
| 7.02 |
| 6.56 |
| 6.09 |
| 5.62 |
| 5.15 |
| 4.68 |
| 4.21 |
| 3.75 |
| 3.28 |
| 2.81 |
| 2.34 |
| 1.87 |
| 1.40 |
| $9.37×10$ |
| $4.68×10$ |
| 0.00 |

/(m/s)

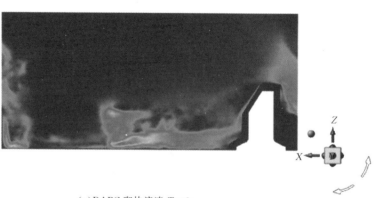

（a）RAPC 砌块流速 $T=3s$

图 7.13 （一） 砌块流速

(b)普通混凝土砌块流速 $T=3s$

图 7.13（二） 砌块流速

7.4 本 章 小 结

本章通过 ANSYS APDL 模块对 RAPC 生态护坡砌块进行了静力分析、模态分析和瞬态分析，并在 ANSYS Workbench Fluent 中进行流固相互作用模拟，以护坡表面流体域是否含有多孔介质作为 RAPC 生态护坡砌块与普通混凝土砌块的数值模拟差异。主要得到以下结论：

（1）在静态分析中，当透水混凝土的孔隙率从 15％变化到 35％时，砌块的最大位移逐渐增大，孔隙率超过 20％后，最大位移急剧增加；所研究砌块的前后壁厚度从 10cm 变化到 18cm 时，砌块的最大应力和最大位移逐渐减小，但厚度的影响并不显著，且最大压力始终在砌块强度的安全范围内。

（2）考虑结构安全与节约成本，采用孔隙率 20％、壁厚为 10cm 的块体进行模态分析和动力分析。模型的前十阶振型主要表现为体系在 Y 方向上的运动（Y 方向为平行海岸的方向），振型主要是堤身上部整体结构的移动，这说明结构的刚性较好，抵抗变形的能力强。

（3）结构受到动态荷载时，对砌块强度的要求比静态荷载更高，且长时间冲击波（Ⅰ型）比短时间冲击波（Ⅱ型）荷载的影响大。但是与再生骨料透水混凝土的强度相比，两种情况的最大应力响应都较小。

（4）在瞬态分析中，RAPC 生态护坡砌块在短时间冲击波（Ⅱ型）荷载的波浪荷载作用下的振动持续时间大于长时间冲击波（Ⅰ型）。然而，长时间冲击波的位移响应振幅大于短时间冲击波。

（5）RAPC 生态护坡的表面最大压力低于相同波浪荷载下的普通混凝土砌块，但最小压力的降低效果不明显，RAPC 生态护坡砌块所在流体域的最大流速低于普通混凝土砌块所在的流体域。因此，RAPC 应用在生态护坡结构中有利于降低波浪荷载的作用。

第8章 再生骨料透水混凝土生态护坡应用试验

8.1 引　　言

在城市生态建设与恢复过程中，城市河流的整治与建设备受关注。河流边坡是城市河流生态系统的重要组成部分，在水土保持、防洪、水净化等方面发挥着重要作用。防止河岸带的水土流失和河岸带的生态破坏，逐渐成为城市生态建设项目的关键难题。本章结合传统护坡和生态护坡的优点，将再生骨料透水混凝土应用于河岸带的生态护坡工程当中。从力学的角度出发，针对边坡工程的强度和稳定性问题开展研究，通过生态护坡现场取芯勘察试验和生态护坡模拟试验两部分，提出生态护坡优化方案，总结关于河岸带生态护坡在实际建设中的施工工艺、质量控制、稳定影响因素、护坡效果评价等方面的内容。

8.2 生态护坡工程的特点

8.2.1 生态护坡结构形式

目前国内外存在很多种护坡方式，常见的几种护坡形式及其特点见表8.1。

表 8.1　　　　　　　　　国内外生态护坡形式及其特点

护坡形式	特　　点
抛石＋植草型生态护坡	马道部位种植水生植物，抛石防护，斜坡段植草。 优点：工程造价低，维护简单，地基适应性好，生态景观好，对原河岸的破坏较小。 缺点：抗水流和船行波的冲击能力、耐久性较差。
预制混凝土连锁空心块体斜坡生态护坡	垫层采用土工织物和砂垫层，面层铺砌预制混凝土异形块。 优点：适应于由于沉陷、滑坡、膨胀引起的小尺度土壤侵蚀；结构简单，成本低；孔隙率高，透水性好；草地上的缝隙可以美化环境，改善自然坡地周围的生态环境。 缺点：征地较大。

续表

护坡形式	特 点
直立矮墙＋混凝土方格植草	下部为常规的直立式挡墙，顶高程略高于设计最高通航水位，防止船舶在高水位航行时触底，坡面采用方格植草（或生态袋，但价格高）进行防护。 优点：通航水位范围内防护效果好；地基适应性好；施工简单，工程造价低；亲水性好，景观生态效益好。 缺点：征地略大。
预制空心混凝土开孔空箱生态护坡	采用预制钢筋混凝土空箱结构，墙前后开孔，现浇或预制基础，上部分种植草，墙后采用反滤系统。 优点：施工速度快，耐久性好，占地面积小，景观好，生态效益好。 缺点：工程造价高，维修不便，地基适应性差。
球形生态混凝土组合砌块护坡	分为现浇式和预制构件式两种型式。现浇式要求岸坡较平整，能提供较大的施工作业场地，并有养护条件，绿化方式仅限于液压喷播护或铺草皮等；预制构件式具有一定的强度，施工方便，适用范围广。
透水性预制硅沉箱式生态护坡	生态袋中装入客土，通过连接扣、加筋格栅等组件相连，形成力学稳定软体边坡。 优点：强度高，稳定性好，耐腐蚀，抗 UV，使用寿命长，回收率高，透水不透土。 缺点：施工工艺复杂，要求高，施工过程中、完工后会产生不同程度的沉降和位移，造价较高。

8.2.2 生态护坡结构特点

8.2.2.1 抗压性能

透水混凝土的表面粗糙，具有良好的吸水效果，如果用在河道护坡结构中，可防止坡面侵蚀，降低浪高。试验表明，透水混凝土边坡的波浪耗散能力比传统边坡防护技术高出 30％～50％，同时生态透水混凝土护坡与坡体的相容性和多孔特性能够使边坡结构在地震中适应变形的能力提高。

使用再生骨料代替普通骨料浇筑透水混凝土时，再生骨料掺量达到 100％时强度为 15.324MPa，再生骨料掺量为 75％时强度为 21.365MPa，且强度随掺量减少而逐渐增加。根据《港口及航道生态护坡工程设计与施工规范》（JTJ 300—2000）中的要求，生态护坡混凝土强度需要达到 20MPa，可见在再生骨料掺量不高于 75％的条件下，本研究所制备的再生骨料透水混凝土完全满足护坡工程的规范要求。

相较于普通混凝土生态护坡，将再生骨料透水混凝土应用到护坡工程中不但能够满足边坡正常使用要求，并且可以节约资源，循环利用建筑垃圾，减低成本，保护生态环境。同时，因其具有较好的透水性和保水性，有利于植被的生长。

8.2.2.2 耐久性

在河道水位快速回落的情况下，护坡中的水可以快速排出，这是由于透水混凝土护坡的结构层具有整体透水性，这增强了生态护坡的安全性和耐久性。

对再生透水混凝土的孔隙率以及渗透性能进行的分析评价结果表明，当再生骨料掺量达到75%时，孔隙率为12%。根据《再生骨料透水混凝土应用技术规程》（CJJ/T 253—2016），再生骨料透水混凝土的孔隙率需要大于10%。可见本试验所调配的再生骨料透水混凝土的孔隙满足实际应用要求。

8.2.2.3 抗冲刷能力

透水混凝土护坡由于边坡结构层全面反滤，能够保证水通过土壤而细颗粒不能通过，这可以避免由于波浪冲刷和地下水位下降导致的土壤流失，实现边坡的稳定性。透水混凝土护坡还可以实现水与空气的动态平衡，消除水位差和静水压力，保证长时间内正常水位下边坡的稳定性。

8.2.2.4 可控性

通过调整混凝土配合比，可以实现生态护坡结构孔隙的均匀分布和孔径可控，从而控制边坡的孔隙结构特征（孔隙率、孔径分布、孔径大小），达到防渗和反滤的总体目标。

调整生态透水混凝土配合比可以控制其孔隙率，以满足生态护坡的要求。

8.2.2.5 施工性

生态透水混凝土护坡的施工工艺简单，混凝土构件可以通过预制来缩短现场施工工期；基层处理作业能实现高度机械化，可以有效保证施工质量。

8.3 现 场 调 研

8.3.1 工程概况

调研工程位于南京市高淳区胥河两侧，其边坡采用了生态护坡形式，如图8.1所示。该生态护坡建成时间不长，植被覆盖率高，生长茂密，水土保持良好。护坡与胥河生态景观相协调，提供了人工造景的新思路，营造了生态绿化的和谐环境。

胥河河岸线较长，其边坡坡度为30°左右，净高2～3m，每隔50m左右设有混凝土渠道。所建生态护坡的剖面为梯形平台，大致沿坡度方向1～2m设有一个普通混凝土平台。该生态护坡最外侧为种植土层，厚度大致为5～10cm；其下侧为透水混凝土层，厚度大致为8～15cm；最下侧为边坡土层。

8.3.2 问题分析与优化

为初步了解生态护坡实际应用中植被生长情况以及透水混凝土边坡浇筑效果，进行现场取芯试验。试验分别选取了胥河沿岸生态护坡的不同地点、不同高度对透水混凝土进行取芯工作，如图8.2所示。

图 8.1　胥河沿岸生态护坡现场照片

图 8.2　现场取芯

8.3.2.1　配合比

胥河沿岸带生态护坡透水混凝土所采用的骨料是粒径为 15～30mm 的普通骨料，水泥用量为 300kg/m^3，水灰比为 0.3。本研究所调配的再生透水混凝土水灰比为 0.258，并加入减水剂。

根据《生态混凝土应用技术规程》（CECS 361—2013），生态混凝土水灰比不宜大于 0.5，必要时应加入减水剂。故本研究所涉及的再生透水混凝土符合规范要求。

8.3.2.2　抗压强度

通过现场取芯观察发现，胥河沿岸的生态护坡透水混凝土施工较为粗糙，部分混凝土层的透水混凝土出现大面积的沉底现象，上层混凝土骨料间黏结不够紧密。70％芯样在取出过程中上部骨料全部破碎，经检测其强度为 15MPa，极易发生边坡失稳，不满足设计要求。该护坡段透水混凝土没有实现全覆盖，部分边坡只有土层没有透水混凝土层，存在安全隐患。

8.3.2.3　植被

生态护坡植物选用"狗牙根"，如图 8.3 所示。"狗牙根"适合在温暖的季节生长的草本植物，具有良好的耐荫性，抗寒性、抗践踏性强，再生能力强，在轻碱性土壤中也能生长良好。该植物具有强烈的侵占能力，在合适环境下经常会侵入其他草坪。其对低温非常敏感，温度低于 10℃停止生长并逐渐进入休眠期。

通过现场取芯，观察植物在该生态护坡中的生长状况可以发现，"狗牙根"在种植土层中横向生长旺盛，根系纵向生长不发达，只能穿透 1/3 的透水混凝土层，对水土流失的抑制作用有限。

图 8.3　胥河沿岸生态护坡种植植物"狗牙根"

8.3.3　再生骨料生态护坡工程的效益分析

根据现场调研结果，提出生态护坡优化方案，即将再生骨料透水混凝土应用到生态护坡工程中，并对其工程效益进行理论分析。

8.3.3.1　生态效益

传统的边坡防护工程内衬坚硬，对边坡防护起到了积极的作用，但对整个生态系统的破坏作用很明显。采用再生骨料透水混凝土建设生态护坡，将坡面、混凝土和植被融为一体。本研究基于自然地形和地貌，建立了具有日照、生物、土壤和坡面保护的坡面生态系统。

工程实践证明，透水混凝土生态边坡不仅为地下动植物提供了栖息地，而且为昆虫和鸟类在地面上的觅食、繁殖提供了环境，对维持生物多样性具有积极意义。

8.3.3.2　护坡效益

作为先进的边坡防护形式，当将再生骨料透水混凝土应用于生态护坡时，其不仅具有护坡能力，还可以通过调整地表和地下水文条件来改变水循环方式。再生骨料透水混凝土生态护坡采用的固土植物根系都十分发达，这样可以减少水土流失，提高护坡的抗冲刷能力。当植被根系穿透混凝土并完全长入土壤中时，在垂直方向斜拉拔出再生透水混凝土试件，需要使用比试件重量更大的力量，这就说明了植物的根系具有锚固效应，使边坡的稳定性得到了很大程度的提高。

8.3.3.3　景观效益

当再生骨料透水混凝土在生态护坡中应用时，传统护坡的单一色彩得到了改变，静态美转化为了动植物协调发展的动态美。冷灰色的边坡在生态护坡的作用下变成了绿色走廊，重现了动态的自然之美，使得人们能够回归自然、返璞归真，同时城市品位得以提升。

8.3.3.4　经济效益

使用再生骨料透水混凝土的生态护坡具有较好的经济效益。与普通混凝土护坡相比，再生骨料透水混凝土生态护坡，不仅可以达到节约资源的效果，还可以起到降低项目成本的积极作用。再生骨料透水混凝土的生态护坡可节约 10%～30% 的成本，具有十分明显的经济效益。

8.4　模　拟　试　验

8.4.1　试验模型

本节计划开展模拟试验验证上述优化方案。为了能够更好地模拟河岸带边坡，更加真实地进行生态护坡模拟试验，采用木板加工制成了一种植生型透水混凝土试验装置，如图 8.4 所示。

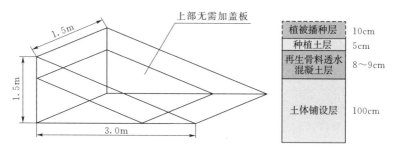

图 8.4　用木板加工的一种植生型透水混凝土试验装置

图 8.4 中展示了该模型的剖面示意图，其分为四个部分，由底部向上依次为：土体铺设层（1m）、再生骨料透水混凝土层（8～9cm）、种植土层（5cm）、植被播种层（10cm），各层的厚度皆是参考现场的调研以及取芯情况制定的，符合实际工程情况。

为了能够实现河岸带生态护坡透水混凝土的生态效益，需要以坡面植物的健康生长为前提，并且要求植物在健康生长的过程中能够适应边坡环境，抵御自然灾害，保持水土稳定。因此对护坡植物的科学选择设计是建立生态护坡的重要工作之一。

由于再生骨料透水混凝土的结构特性，用于护坡的植物要求根系细小但发达。但是"狗牙根"这类暖季型草本植物在冬季会停止生长进入休眠，其生态护坡效果十分有限，且在现场调研过程中发现"狗牙根"根系并没有深入透水混凝土层，不能达到预期目的。根据《植被生态混凝土护坡技术规范》（DB42/T 1360—2018），本书建议选取"高羊茅"作为护坡植被。"高羊茅"是一种冷季型草本植物，15～25℃ 是最适合其生长的温度。"高羊茅"的抗践踏、抗热、抗干旱能力十分突出，同时还适度耐荫，主要适于南方的冷湿地区、干旱凉爽区以及过渡带。由于它的根系很发达，所以能够深入土层，并且在透水混凝土中扎根，对护坡工程起到一定的锚固作用。

8.4.2　室内土样试验

上述模拟试验装置（图 8.4）中，种植土层厚度为 5cm，符合《园林绿化工程施工及验收规范》（CJJ 82—2012）中规定的相关土层厚度要求。在挑选土体种类时本研究选用黄土作为模型中的地基土以及种植土，并通过试验（图 8.5）来测定土样的含水率、密度、液塑限、比重等性质。试验方案见表 8.2。

表 8.2　　　　　　　　　试 验 方 案

序号	计 划	目 的
1	室内实验 1：自然土含水率	获得现场土含水率
2	室内试验 2：自然土密度	获得现场土密度
3	室内实验 3：液塑限实验	测得液塑限，进行土的工程分类
4	室内实验 4：比重实验	测得土的比重
5	室内实验 5：击实实验	测得最优含水率
6	室内实验 6：模拟植物各种压实程度土中的生长情况	保证植物能生根于密实黄土中
7	根据室内实验结果以及人工填坡标准，设计木模填土量、含水率、击实方法	保证现场木模填土量、密实度等参数一致

图 8.5　实验室土样试验

室内试验所得结果符合《绿化种植土壤》（CJ/T 340—2016）中的相关规定，证明了所选择的土体各方面参数都适用于播种，且符合"高羊茅"这种草种的生长环境，有利于其根系生长。故在模拟装置的土体铺设层和种植土层都可以使用此种土体。

8.4.3　对比方案

为了进一步证明再生透水混凝土生态护坡优于传统护坡，制作了 6 个如图 8.4 所示的生态护坡模拟装置，在控制其他因素相同的情况下，3 个木模中的混凝土层使用普通混凝土，另外 3 个木模使用再生透水混凝土，将 1 个普通混凝土木模与 1 个再生透水混凝土木模视为 1 组，基于此进行 3 组对比试验，试验方案如下：

（1）保持施工工艺、植被播种等各项因素相同，观察两种不同的护坡方式下植被的生长状况。首先是通过观察法对植被的生长情况进行直观对比，而后可以对装置进行取芯，通过对芯样的剖面进行分析，可以评价其根系是否发达，是否在某种程度上起到了固坡的作用。

（2）保持施工工艺、植被播种等各项因素相同，将装置放入大水箱中，使水位浸没装置的一半高度，以此来模拟河流水位上涨对护坡造成冲刷的情况，同样用对比试验（1）所述的方法进行对比。

（3）与对比试验（2）相仿，将装置在大水箱中的浸泡程度改为完全浸没，分析方法与试验（2）中所述相同。

8.5　本　章　小　结

本章通过现场调研胥河两岸生态护坡实际应用情况，分析当前护坡存在的问题，提出利用再生骨料透水混凝土替代普通透水混凝土浇筑护坡以及更换护坡植物的优化方案，从理论上分析了优化方案的可行性，并利用模拟试验验证了优化方案在实际应用中的可行性。

参 考 文 献

安新正，易成，姜新佩，等，2011. 海水环境下再生混凝土的腐蚀研究 [J]. 河北工程大学学报（自然科学版），28（1）：5-9.

陈守开，杨晴，刘秋常，等，2017. 再生骨料透水混凝土强度及透水性能试验 [J]. 农业工程学报，33（15）：141-146.

陈明曦，陈芳清，刘德富，2007. 应用景观生态学原理构建城市河道生态护坡 [J]. 长江流域资源与环境，16（1）：97-100.

程娟，杨杨，陈卫忠，2006. 透水混凝土配合比设计的研究 [J]. 混凝土，10：81-84.

崔新壮，张炯，黄丹，等，2016. 暴雨作用下透水混凝土路面快速堵塞试验模拟 [J]. 中国公路学报，29（10）：1-11，19.

曹梅英，王建化，2003. 城市河流整治与生态环境保护 [J]. 山西水利，1：13-14.

杜良平，2003. 生态河道构建体系及其应用研究 [D]. 杭州：浙江大学.

戴天兴，戴靓华，2013. 城市环境生态学 [M]. 北京：中国水利水电出版社.

戴尔咪勒，2002. 美国的生物护坡工程 [J]. 水利水电快报，1：8-10.

邓红兵，王青春，王庆礼，等，2001. 河岸植被缓冲带与河岸带管理 [J]. 应用生态学报，6：951-954.

董哲仁，2003. 生态水工学的理论框架 [J]. 水利学报，34（1）：1-6.

董雨明，韩森，郝培文，2004. 路用多孔水泥混凝土配合比设计方法研究 [J]. 中外公路，24（1）：86-89.

汪文黔，1995. 道路透水性路面 [J]. 国外公路，15（1）：44-46.

范杰，陈宗平，陈宇良，2015. 再生骨料填充墙材抗压和抗折强度影响因素分析 [J]. 应用基础与工程科学学报，23（6）：1210-1220.

关彦斌，陈建国，赵光明，2006. 透水性沥青路面的实践与研究 [J]. 河北建筑工程学院学报，4：66-69.

何衡，陈德春，魏文白，2005. 生态护坡及其在城市河道整治中的应用 [J]. 21（6）：56-58.

胡成宝，王云岗，凌道盛，2017. 瑞利阻尼物理本质及参数对动力响应的影响 [J]. 浙江大学学报（工学版），51（7）：1284-1290.

季永兴，刘水芹，张勇，2001. 城市河道整治中生态型护坡结构探讨 [J]. 水土保持研究，4（8）：25-28.

姜从盛，丁庆军，王发洲，等，2002. 钢渣的理化性能极其综合利用技术发展趋势 [J]. 国外建材科技，23（3）：3-5.

罗帷，2011. 杭嘉湖平原河道生态建设理论与应用研究 [D]. 杭州：浙江大学.

刘杰，江生泉，2018. 3种草坪草在滁州地区成坪质量比较研究 [J]. 佛山科学技术学院学报（自然科学版），36（4）：83-86.

刘文白，郭秩映，2010. 建筑废渣混凝土的海洋工程应用分析 [J]. 山西建筑，36（20）：133-135.

刘斌，2014．FLUENT 19. 0 流体仿真从入门到精通［M］．北京：清华大学出版社.

毛伶俐，2007．生态护坡中植被根系的力学分析［D］．武汉：武汉理工大学.

孟涛，2015．海啸对结构作用分析与工程防控方法研究［D］．天津：天津大学.

南娟，2019．马莲河防洪工程中生态护坡方案设计［J］．甘肃水利水电技术，55（3）：59 -
61，65.

朴正镐，2003．用于河川护坡及倾斜面的高空隙率多孔质混凝土及施工方法：03147330［P］.

权宗刚，2008．地震后建筑垃圾资源化技术及其在重建中的应用探讨［J］．砖瓦，9：92 - 95.

曲媛媛，王爱杰，何甜甜，2009．浅谈河道生态护坡［J］．水利科技与经济，15（7）：
619 - 620.

任顺华，2019．波浪与多孔介质结构相互作用数值分析［D］．大连：大连理工大学.

史云霞，陈一梅，2007．国内外内河航道护坡型式及发展趋势［J］．水道港口，28（4）：
261 - 264.

孙家瑛，肖天翔，陆阳升，等，2014．再生细骨料对混凝土塑性收缩开裂性能影响［J］．建筑
材料学报，17（3）：475 - 480.

宋云，2004．谈植物固土的边坡稳定机理［J］．森林工程，20（5）：51 - 52.

盛燕萍，陈拴发，李占全，2007．免振捣透水混凝土工作性研究［J］．混凝土，8：37 - 40.

汤毅，2006．纤维网植被生态护坡技术研究［J］．湖南交通科技，32（1）：60 - 61，80.

王文野，王德成，2002．城市河道生态护坡技术的探讨［J］．吉林水利，（11）：24 - 26.

王倩，2016．海水侵蚀下钢筋再生混凝土梁的耐久性与寿命预测［D］．南京：南京航空航天
大学.

王安静，2017．生态护坡发展综述［J］．建筑工程技术与设计，26：2244 - 2244.

王国强，2005．实用工程数值模拟技术及其在 ANSYS 上的实践［M］．西安：西北工业大学
出版社.

王福军，2004．计算流体动力学分析——CFD 软件原理与应用［M］．北京：清华大学出版社.

王武祥，2003．透水性混凝土路面砖的种类和性能［J］．建筑砌块与砌块建筑，121：17 - 19.

王武祥，1995．透水透气型彩色混凝土路面砖［J］．新型建筑材，7：27 - 29.

王军强，2015．再生骨料透水混凝土的强度和透水性能试验研究［J］．结构工程师，31（4）：
167 - 171.

王瑞燕，吴国雄，郭鹏，2009．路面透水水泥混凝土性能研究［J］．重庆交通大学学报（自然
科学版），28（4）：698 - 701.

王崧，刘丽娟，董春敏，2013．有限元分析——ANSYS 理论与应用［M］．北京：电子工业出
版社.

肖建庄，2008．再生混凝土［M］．北京：中国建筑工业出版社.

薛如政，刘京红，苗建伟，等，2017．再生骨料透水混凝土性能的研究［J］．河北农业大学学
报，40（4）：128 - 133.

徐金欣，2012．降噪排水多孔水泥混凝土材料性能与组成设计方法研究［D］．西安：长安
大学.

徐朝辉，步海滨，程巍华，等，2009．内河航道生态护岸的发展及应用分析［J］．水运工程
（9）：107 - 110.

尹志刚，董思健，冯隽，2019．不同冻融介质作用下再生骨料透水混凝土力学性能试验研究
［J］．科学技术与工程，19（15）：303 - 308.

杨海军，内田泰三，盛连喜，等，2004．受损河岸生态系统修复研究进展［J］．东北师大学报

（自然科学版），36（1）：95-100.

杨佳，2016. 几种海砂的细观结构特征及力学特性试验研究［D］. 长春：吉林大学.

杨静，蒋国梁，2000. 透水性混凝土路面材料强度的研究［J］. 混凝土，132（10）：27-30.

杨学良，2004. 多孔水泥混凝土防滑磨耗层应用技术的研究［D］. 上海：同济大学.

杨和平（译），1997. 无细集料混凝土路面应用的进展［J］. 国外公路，17（2）：17-20.

张浩博，杜晓青，寇佳亮，等，2017. 再生骨料透水混凝土抗压性能及透水性能试验研究［J］. 实验力学，32（2）：247-256.

张贤超，尹健，池漪，2010. 透水混凝土性能研究综述［J］. 混凝土，12：47-50.

张俊云，周德培，李绍才，2000. 岩石边坡生态护坡研究简介［J］. 水土保持通报，4：36-38.

张俊云，周德培，2002. 厚层基材喷射植被护坡植物选型设计研究［J］. 水土保持学报，4：163-165.

张守庆，高海燕，2016. 透水混凝土性能以及应用探讨［J］. 建材发展导向（下），14（11）：243-244.

赵良举，2005. 城市河道生态护坡技术研究［D］. 北京：北京交通大学.

钟国强，2005. 进境"百慕大"草有害生物风险分析［J］. 仲恺农业技术学院学报，18（4）：58-63.

朱健，2009. 硬质护坡生态化改造的关键技术研究［D］. 南京：东南大学.

AGAR OZBEK A S，WEERHEIJM J，SCHLANGEN E，et al. ，2012. Drop weight impact strength measurement method for porous concrete using Laser Doppler velocimetry ［J］. Journal of Materials in Civil Engineering，24（10）：1328-1336.

BALSHIN M Y，1949. Relation of mechanical properties of powder metals and their porosity and the ultimate properties of porous metal-ceramic materials ［J］. Doklady Akademii nauk SSSR，67（5）：831-834.

BARNHOUSE P W，SRUBAR III W V，2016. Material characterization and hydraulic conductivity modeling of macroporous recycled-aggregate pervious concrete ［J］. Construction and Building Materials，110：89-97.

BETIGLU E JIMMA，PRASADA RAO RANGARAJU，2014. Film-forming ability of flowable cement pastes and its application in mixture proportioning of pervious concrete ［J］. Construction and Building Materials，71：273-282.

BHUTTA M A R，HASANAH N，FARHAYU N，et al. ，2013. Properties of porous concrete from waste crushed concrete（recycled aggregate）［J］. Construction and building materials，47：1243-1248.

BONICELLI A，GIUSTOZZI F，CRISPINO M，2015. Experimental study on the effects of fine sand addition on differentially compacted pervious concrete ［J］. Construction and Building Materials，91（30）：102-110.

BOX G，BEHNKEN D W，1960. Some new three level designs for the study of quantitative variables ［J］. Technometrics，2（4）：455-475.

BRAKE N A，ALLAHDADI H，ADAM F，2016. Flexural strength and fracture size effects of pervious concrete ［J］. Construction and Building Materials，113：536-543.

CARNEIRO J A，LIMA P，LEITE M B，et al. ，2014. Compressive stress-strain behavior of steel fiber reinforced-recycled aggregate concrete ［J］. Cement and Concrete Composites，

46：65 – 72.

CHEN Y，WANG K，WANG X，et al.，2013. Strength，fracture and fatigue of pervious concrete [J]. Construction and Building Materials，42：97 – 104.

CHEN X，HUANG Y，CHEN C，2017. Experimental study and analytical modeling on hysteresis behavior of plain concrete in uniaxial cyclic tension [J]. International Journal of Fatigue，96：261 – 269.

LI C，2020. Mechanical and transport properties of recycled aggregate concrete modified with limestone powder [J]. Composites Part B Engineering，197：108 – 189.

CHOI W C，YUN H D，2012. Compressive behavior of reinforced concrete columns with recycled aggregate under uniaxial loading [J]. Engineering Structures，41（3）：285 – 293.

CHOPRA M，WANIELISTA M，SPENCE J，et al.，2006. Hydraulic performance of pervious concrete pavements [C] // Proceedings of the 2006 Concrete Technology Forum.

CROUCH L K，SPARKMAN A，DUNN T R，et al.，2006. Estimating pervious PCC pavement design inputs with compressive strength and effective void content [C] // Concrete technology forum，proceedings，national ready mixed concrete association. Maryland：Silver Spring.

DANG H N，SEBAIBI N，BOUTOUIL M，et al.，2014. A modified method for the design of pervious concrete mix [J]. Construction and Building Materials，73（30）：271 – 282.

El – KASHIF K F，MAEKAWA K，2004. Time – dependent nonlinearity of compression softening in concrete [J]. Journal of Advanced Concrete Technology，2（2）：233 – 247.

FONTEBOA B G，2002. Hormigones con áridos reciclados procedentes de demoliciones：dosificaciones，propiedades mecánicas y comportamiento estructural a cortante [J]. Scientia Et Technica，2（23）：145 – 154.

GAEDICKE C，MARINES A，MIANKODILA F，2014. Assessing the abrasion resistance of cores in virgin and recycled aggregate pervious concrete [J]. Construction and Building Materials，68（15）：701 – 708.

GHAFOORI N，DUTTA S，1995. Laboratory investigation of compacted no – fines concrete for paving materials [J]. Journal of Materials in Civil Engineering，7（3）：183 – 191.

GHORBEL E，WARDEH G，2017. Influence of recycled coarse aggregates incorporation on the fracture properties of concrete [J]. Construction and Building Materials，154：51 – 60.

GOEDE W，HASELBACH L，2012. Investigation into the structural performance of pervious concrete [J]. Journal of Transportation Engineering，138（1）：98 – 104.

GRESS D L，SNYDER M B，STURTEVANT J R，1997. Performance of rigid pavements containing recycled concrete aggregates [J]. Transportation Research Record Journal of the Transportation Research Board，45（2113）：99 – 107.

GÜNEYISI E，GESOĞLU M，KAREEM Q，et al.，2016. Effect of different substitution of natural aggregate by recycled aggregate on performance characteristics of pervious concrete [J]. Materials and Structures，49（1）：521 – 536.

HASELBACH L M，FREEMAN R M，2006. Vertical porosity distributions in pervious concrete pavement [J]. ACI Materials Journal，103（6）：452 – 458.

HASELBACH L M，VALAVALA S，MONTES F，2006. Permeability predictions for sand – cloggedPortland cement pervious concrete pavement systems [J]. Journal of Environmental

Management, 81 (1): 42 – 49.

HASELBACH L M, 2009. Potential for clay clogging of pervious concrete under extreme conditions [J]. Journal of Hydrologic Engineering, 15 (1): 67 – 69.

HASSELMAN D P H, FULRATH R M, 2010. Effect of small fraction of spherical porosity on elastic moduli of glass [J]. Journal of the American Ceramic Society, 47 (1): 52 – 53.

HESAMI S, AHMADI S, NEMATZADEH M, 2014. Effects of rice husk ash and fiber on mechanical properties of pervious concrete pavement [J]. Construction and Building materials, 53: 680 – 691.

HOFLAND B, KAMINSKI M L, WOLTERS G, 2011. Large scale wave impacts on a vertical wall [C] // Coastal Engineering Proceedings.

HTAY H H, AUNG H T, KYAW N M, 2017. Experimental study on previous concrete with various mix ratios [C] // IPTEK Journal of Proceedings Series, 3 (6).

IBRAHIM H A, MAHDI M B, ABBAS B J, 2019. Performance evaluation of fiber and silica fume on pervious concrete [J]. International Journal of Advancements in Computing Technology, 10 (230): 1 – 9.

XIAO J Z, JIA – BIN L I, SUN Z P, et al. , 2004. Study on compressive strength of recycled aggregate concrete [J]. Journal of Tongji University, 32 (12): 1558 – 1561.

JIMMA B E, RANGARAJU P R, 2015. Chemical admixtures dose optimization in pervious concrete paste selection – A statistical approach [J]. Construction and Building Materials, 101: 1047 – 1058.

JOUNG Y, GRASLEY Z C, 2008. Evaluation and optimization of durable pervious concrete for use in urban areas [R]. Southwest Region University Transportation Center.

JOUNG Y, 2010. Evaluation and optimization of pervious concrete with respect to permeability and clogging [D]. State of Texas: Texas A and M University.

ĆOSIĆ K, KORAT L, DUCMAN V, 2015. Influence of aggregate type and size on properties of pervious concrete [J]. Construction and Building Materials, 78: 69 – 76.

RAHAL K, 2007. Mechanical properties of concrete with recycled coarse aggregate [J]. Building Environment, 42: 407 – 15.

YOUNIS K H, PILAKOUTAS K, 2013. Strength prediction model and methods for improving recycled aggregate concrete [J]. Construction and Building Materials, 49: 688 – 701.

KATARZYNA SKOLASIŃSKA, 2006. Clogging microstructures in the vadose zone – laboratory and field studies [J]. Hydrogeology Journal, 14 (6): 1005 – 1017.

KEVERN J T, SCHAEFER V R, WANG K, et al. , 2008. Pervious concrete mixture proportions for improved freeze – thaw durability [J]. Journal of ASTM International, 5 (2): 1 – 12.

KHAN A, DO J, KIM D, 2016. Cost effective optimal mix proportioning of high strength self – compacting concrete using response surface methodology [J]. Computers and Concrete, 17 (5): 629 – 638.

KUO W T, LIU C C, SU D S, 2013. Use of washed municipal solid waste incinerator bottom ash in pervious concrete [J]. Cement and Concrete Composites, 37: 328 – 335.

LI Z, 2011. Advanced concrete technology [M]. New Jersey: John Wiley and Sons.

LIAN C Y. ZHUGE S, 2011. Beecham. The relationship between porosity and strength for porous concrete [J]. Construction and Building Materials, 2011, 25 (11): 4294 – 4298.

LIAN C, ZHUGE Y, 2010. Optimum mix design of enhanced permeable concrete—An experimental investigation [J]. Construction and Building Materials, 24 (12): 2664 – 2671.

LORI A R, HASSANI A, SEDGHI R, 2019. Investigating the Mechanical and Hydraulic Characteristics of Pervious Concrete Containing Copper Slag as Coarse Aggregate [J]. Construction and Building Materials, 197: 130 – 142.

LOW K, HARZ D, NEITHALATH N, 2008. Statistical Characterization of the Pore Structure of Enhanced Porosity Concretes [J]. Aiaa Journal, 44 (4): 868 – 878.

MAEKAWA K, OKAMURA H, 1983. The deformational behavior and constitutive equation of concrete using elasto – plastic and fracture model [J]. Journal of the Faculty of Engineering. University of Tokyo. Series B, 1983, 37 (2): 253 – 328.

MAEKAWA K, TOONGOENTHONG K, GEBREYOUHANNES E, 2006. Direct path – integral scheme for fatigue simulation of reinforced concrete in shear [J]. Journal of Advanced Concrete Technology, 4 (1): 159 – 177.

MAGUESVARI M U, NARASIMHA V L, 2013. Studies on characterization of pervious concrete for pavement applications [J]. Procedia – Social and Behavioral Sciences, 104: 198 – 207.

MAROLF A, NEITHALATH N, SELL E, et al. , 2004. Influence of aggregate size and gradation on acoustic absorption of enhanced porosity concrete [J]. ACI Materials Journal – American Concrete Institute, 101 (1): 82 – 91.

MATA B, ALEXANDER L, 2008. Sedimentation of pervious concrete pavement systems [J]. Dissertation Abstracts International, 70 (2): 1203.

MCLSAAC R, ROWE R K, 2007. Clogging of gravel drainage layers permeated with landfill leachate [J]. Journal of Geotechnical and Geoenvironmental Engineering, 133 (8):1026 – 1039.

MI R J, PAN G H, LI Y, et al. , 2021. Carbonation degree evaluation of recycled aggregate concrete using carbonation zone widths [J]. Journal of CO_2 Utilization, 43: 1 – 12.

MIRJANA MALESČEV, RADONJANIN V, SNEANA MARINKOVI, 2010. Recycled Concrete as Aggregate for Structural Concrete Production [J]. Sustainability, 2 (5): 1204 – 1225.

MONTES F, HASELBACH L, 2006. Measuring hydraulic conductivity in pervious concrete [J]. Environmental Engineering Science, 23 (6): 960 – 969.

KHURI A I, MUKHOPADHYAY S, 2010. Response surface methodology [J]. Wiley Interdisciplinary Reviews: Computational Statistics, 2 (2): 128 – 149.

NEITHALATH N, MAROLF A, WEISS J, et al. , 2005. Modeling the influence of pore structure on the acoustic absorption of enhanced porosity concrete [J]. Journal of Advanced Concrete Technology, 3 (1): 29 – 40.

NEITHALATH N, 2004. Development and characterization of acoustically efficient cementitious materials [D]. West Lafayette: Purdue University.

NEITHALATH N, 2007. Extracting the performance predictors of enhanced porosity concretes from electrical conductivity spectra [J]. Cement and Concrete Research, 37 (5): 796 – 804.

NGUYEN D H, BOUTOUIL M, SEBAIBI N, et al. , 2017. Durability of pervious concrete using crushed seashells [J]. Construction and Building Materials, 135: 137 - 150.

NGUYEN D H, BOUTOUIL M, SEBAIBI N, et al. , 2013. Valorization of seashell by - products in pervious concrete pavers [J]. Construction and Building Materials, 49: 151 - 160.

NI VÁZQUEZ - RIVERA, SOTO - PÉREZ L, JOHN J S, et al. , 2015. Optimization of pervious concrete containing fly ash and iron oxide nanoparticles and its application for phosphorus removal [J]. Construction and Building Materials, 93: 22 - 28.

OLEK J, WEISS W J, NEITHALATH N, et al. , 2003. Development of quiet and durable porous Portland cement concrete paving materials [R]. West Lafayette: Purdue University.

PÉREZBENEDICTO J A, RÍOMERINO M D, PERALTACANUDO J L, et al. , 2012. Mechanical characteristics of concrete with recycled aggregates coming from prefabricated discarded units [J]. Materiales De Construccion, 62 (305): 25 - 37.

PRATT C J, MANTLE J D G, SCHOFIELD P A, 1995. UK research into the performance of permeable pavement, reservoir structures in controlling stormwater discharge quantity and quality [J]. Water Science and Technology, 32 (1): 63 - 69.

RAHAL K, 2007. Mechanical properties of concrete with recycled coarse aggregate [J]. Building and Environment, 42 (1): 407 - 415.

RAJIB K, MAJHI, AMAR N, et al. , 2020. Characterization of lime activated recycled aggregate concrete with high - volume ground granulated blast furnace slag [J]. Construction and Building Materials, 259: 1 - 16.

RAO A, JHA K N, MISRA S, 2006. Use of aggregates from recycled construction and demolition waste in concrete [J]. Resources Conservation and Recycling, 50 (1): 71 - 81.

SRIRAVINDRARAJAH R, WANG N D H, ERVIN L J W, 2012. Mix design for pervious recycled aggregate concrete [J]. International Journal of Concrete Structures and Materials, 6 (4): 239 - 246.

RAY S, LALMAN J A, 2011. Using the Box - Benkhen design (BBD) to minimize the diameter of electrospun titanium dioxide nanofibers [J]. Chemical Engineering Journal - Lausanne, 169 (1): 116 - 125.

RAZAQPUR A G, FATHIFAZL G, ISGOR B, et al. , 2010. How to produce high quality concrete mixes with recycled concrete aggregate [J]. Construction Waste Recycling and Civil Engineering Sustainable Development, Proceedings of the ICWEM: 11 - 35.

RYSHKEWITCH E, 2010. Compression strength of porous sintered alumina and zirconia [J]. Journal of the American Ceramic Society, 36 (2): 65 - 68.

FERREIRA S, BRUNS R E, FERREIRA H S, et al. , 2007. Box - Behnken design: An alternative for the optimization of analytical methods [J]. Analytica Chimica Acta, 597 (2): 179 - 186.

SALEM R M, BURDETTE E G, JACKSON N M, 2003. Resistance to freezing and thawing of recycled aggregate concrete [J]. ACI Materials Journal, 100 (3): 216 - 221.

SATA V, WONGSA A, CHINDAPRASIRT P, 2013. Properties of pervious geopolymer concrete using recycled aggregates [J]. Construction and Building Materials, 42: 33 - 39.

SCHEFFÉ H, 1958. Experiments with Mixtures [J]. Journal of the Royal Statistical Society, 20 (2): 344 - 360.

SCHEFFÉ H，1963. The simplex－centroid design for experiments with mixtures [J]. Journal of the Royal Statistical Society，25（2）：235－251.

SCHILLER K K，1971. Strength of porous materials [J]. Cement and Concrete Research，1（4）：419－422.

SHAIKH，AHMED F U，2016. Mechanical and durability properties of fly ash geopolymer concrete containing recycled coarse aggregates [J]. International Journal of Sustainable Built Environment，5（2）：277－287.

SILVA R V，BRITO J D，NEVES R，et al.，2015. Prediction of chloride ion penetration of recycled aggregate concrete [J]. Materials Research，18（2）：427－440.

SILVIJA MRAKOVČIĆ，NINA ĆEH，VEDRANA JUGOVAC，2014. Effect of aggregate grading on pervious concrete properties [J]. Gradevinar，66（2）：107－113.

SIRIWARDENE N R，DELETIC A，FLETCHER T D，2007. Clogging of stormwater gravel infiltration systems and filters：insights from a laboratory study [J]. Water Research，41（7）：1433－1440.

SOBERÓN J M V G，RAMONICH E V I，FITÉ L A，2001. Hormigón con áridos reciclados：una guía de diseño para el material [M]. Centro Internacional de Métodos en Ingeniería.

SONEBI M，BASSUONI M T，2013. Investigating the effect of mixture design parameters on pervious concrete by statistical modelling [J]. Construction and Building Materials，38：147－154.

SRIRAVINDRARAJAH R，WANG N D H，LAI J W E，2012. Mix design for pervious recycled aggregate Concrete [J]. International Journal of Concrete Structures and Materials，6（4）：239－246.

SUN Z，LIN X，VOLLPRACHT A，2018. Pervious concrete made of alkali activated slag and geopolymers [J]. Construction and Building Materials，189：797－803.

TABSH S W，ABDELFATAH A S，2008. Influence of recycled concrete aggregates on strength properties of concrete [J]. Construction and Building Materials，23（2）：1163－1167.

TANG C W，CHENG C K，TSAI C Y，2019. Mix Design and Mechanical Properties of High－Performance Pervious Concrete [J]. Materials，12（16）：1－20.

TAVAKOLI M，SOROUSHIAN P. 1996. Strengths of recycled aggregate concrete made using field－demolished concrete as aggregate [J]. ACI Materials Journal，93（2）：182－190.

TENNIS P D，LEMING M L，AKERS D J，2004. Pervious concrete pavements [M]. Skokie，IL：Portland Cement Association.

THO－IN T，SATA V，CHINDAPRASIRT P，et al.，2012. Pervious high－calcium fly ash geopolymer concrete [J]. Construction and Building Materials，30：366－371.

TONG B，2011. Clogging effects of Portland cement pervious concrete [D]. Ames：Iowa State University.

VANCURA M E，MACDONALD K，KHAZANOVICH L，2012. Location and depth of pervious concrete clogging material before and after void maintenance with common municipal utility vehicles [J]. Journal of Transportation Engineering，138（3）：332－338.

VARDAKA G，THOMAIDIS K，LEPTOKARIDIS C，et al.，2014. Use of steel slag as coarse aggregate for the production of pervious concrete [J]. Journal of Sustainable Development of Energy, Water and Environment Systems, 2 (1): 30 – 40.

VIEIRA G L, SCHIAVON J Z, BORGES P M, et al. , 2020. Influence of recycled aggregate replacement and fly ash content in performance of pervious concrete mixtures [J]. Journal of Cleaner Production, 271: 1 – 15.

WAGIH A M, El – KARMOTY H Z, EBID M, et al. , 2013. Recycled construction and demolition concrete waste as aggregate for structural concrete [J]. HBRC Journal, 9 (3): 193 – 200.

WANG K, SCHAEFER V R, KEVERN J T, 2006. Development of mix proportion for functional and durable pervious concrete [C] // Proceedings of the 2006 NRMCA Concrete Technology Forum – Focus on Pervious Concrete.

XIE X G, ZHANG T S, YANG Y M, et al. , 2018. Maximum paste coating thickness without voids clogging of pervious concrete and its relationship to the rheological properties of cement paste [J]. Construction and Building Materials, 168: 732 – 746.

DODGE Y. 2006. Coefficient of Determination [J]. Alphascript Publishing, 31 (1):63 – 64.

YAHIA A, KABAGIRE K D, 2014. New approach to proportion pervious concrete [J]. Construction and Building Materials, 62: 38 – 46.

YANAGIBASHI K, YONEZAWA T, 1998. Properties and performance of green concrete [C] // Recent Advances in Concrete Technology: 141 – 158.

YANG J, JIANG G, 2003. Experimental study on properties of pervious concrete pavement materials [J]. Cement and Concrete Research, 33 (3): 381 – 386.

YANYA Y, 2018. Blending ratio of recycled aggregate on the performance of pervious concrete [J]. Frattura ed Integrità Strutturale, 12 (46): 343 – 351.

YUAN J, CHEN X, LIU S, et al. , 2018. Effect of water head, gradation of clogging agent and horizontal flow velocity on the clogging characteristics of pervious concrete [J]. Journal of Materials in Civil Engineering, 30 (9): 04018215.

ZAETANG Y, WONGSA A, SATA V, et al. , 2013. Use of lightweight aggregates in pervious concrete [J]. Construction and Building Materials, 48: 585 – 591.

ZAETANG Y, SATA V, WONGSA A, et al. , 2016. Properties of pervious concrete containing recycled concrete block aggregate and recycled concrete aggregate [J]. Construction and Building Materials, 111: 15 – 21.

ZHANG Q, FENG X, CHEN X, et al. , 2020. Mix design for recycled aggregate pervious concrete based on response surface methodology [J]. Construction and Building Materials, 259 (7763): 1 – 11.

ZHANG Z, ZHANG Y, YAN C, et al. , 2017. Influence of crushing index on properties of recycled aggregates pervious concrete [J]. Construction &. Building Materials, 135: 112 – 118.

ZHOU J, ZHENG M, WANG Q, et al. , 2016. Flexural fatigue behavior of polymer – modified pervious concrete with single sized aggregates [J]. Construction and Building Materials, 124: 897 – 905.